Amor in Vitro

Augusto Maia

2ª edição

Copyright ©2023 by Poligrafia Editora
Todos os direitos reservados.
Este livro não pode ser reproduzido sem autorização.

Amor in Vitro

ISBN: 978-85-67962-25-2

Autor: **Augusto Maia**
Coordenação Editorial: Marlucy Lukianocenko
Ilustrações: Alexandra Seraphim
Projeto Gráfico: Pedro Bopp
Revisão: Fátima Caroline P. de A. Ribeiro

```
        Dados Internacionais de Catalogação na Publicação (CIP)
                (Câmara Brasileira do Livro, SP, Brasil)

        Maia, Augusto
            Amor in vitro / Augusto Maia. -- 2. ed. --
        Cotia, SP : Poligrafia Editora, 2023.

            ISBN 978-85-67962-25-2

            1. Fertilização humana in vitro 2. Ficção
        brasileira 3. Infertilidade 4. Inseminação artificial
        humana 5. Reprodução humana assistida I. Título.

    23-175700                                        CDD-869.9
                    Índices para catálogo sistemático:

        1. Fertilização humana in vitro : Narrativa
           ficcional baseada em casos reais : Literatura
           brasileira    869.9

        Tábata Alves da Silva - Bibliotecária - CRB-8/9253
```

www.poligrafiaeditora.com.br
E-mail: poligrafia@poligrafiaeditora.com.br
Rua Maceió, 43 – Cotia – São Paulo
Fone: 11 4243-1431 / 11 99159-2673

A editora não se responsabiliza pelo conteúdo
da obra, formulada exclusivamente pelo autor.

Estas histórias são uma homenagem para as mulheres que, pelo amor à maternidade, perpetuam a humanidade. Especialmente, às mulheres que são o amor na minha vida: minha mãe, minha esposa e minha filha.

SUMÁRIO

Vitória 10

Estela 26

Emília 42

Louise 54

Eva 66

Luzia 84

Maria 88

PRÓLOGO

A realização do sonho de gerar naturalmente um filho nem sempre é possível e, para muitas pessoas, a fertilização *in vitro* é a única chance. São essas histórias repletas de emoções, dilemas e, acima de tudo, de amor que vou contar.

Esta é uma obra de ficção baseada em histórias reais que amigos e médicos generosamente compartilharam comigo. Como executivo da indústria farmacêutica, tive o privilégio de trabalhar no segmento da medicina reprodutiva durante uma fase da minha carreira e descobri um amplo universo, que vai muito além da ciência. As questões morais, culturais, afetivas, psicológicas e espirituais desse universo espelham a nossa humanidade em sua vastidão e complexidade, e estão refletidas nesses contos.

Com o intuito de apoiar o leitor pouco familiarizado com o tema, incluí notas informativas e comentários e descrevi brevemente alguns passos da técnica de reprodução assistida em passagens das histórias. Essas informações são fartamente encontradas na literatura médica, nos sites das clínicas de fertilidade, em artigos diversos sobre o tema e livros escritos por especialistas da área, e autores que contam as suas experiências pessoais.

Nos primeiros quatro contos, abordo questões do nosso tempo relacionadas a preconceitos, falta de informação, e restrições do acesso ao tratamento, que, embora sejam fundamentais na construção de uma sociedade mais justa e humana, ainda são, em grande parte, subestimadas.

Nos últimos três contos, faço uma inflexão no curso das histórias para imaginar um futuro a partir de sinais que já observamos hoje. O quinto conto é uma ficção científica, mas que incorpora acontecimentos reais da atualidade publicados em jornais e revistas, indicando possiveis caminhos que o progresso científico pode nos levar. O sexto conto é uma elaboração poética e distópica sobre as transformações que podem estar por vir, e é uma ponte para conduzir o leitor à última história, que se passa no século XXII. Essas histórias são uma provocação à reflexão sobre os limites da ciência e as escolhas que temos diante de nós.

AGRADECIMENTOS

Pela amizade e valiosas colaborações, meus sinceros agradecimentos aos amigos que contribuíram para esta obra, em especial a Miriam Keller, Marlucy Lukianocenko e Wagner Vasconcelos.

Gostaria também de reconhecer a todos os fertileutas com quem convivi profissionalmente e que me ensinaram sobre as múltiplas facetas da medicina reprodutiva. Para eles, a minha admiração e gratidão pela atenção e gentileza com que sempre me receberam.

Meu especial e carinhoso agradecimento a Alexandra Seraphim pela arte das ilustrações.

Amor *in vitro*

Onde nasce o amor?
No mergulho das estrelas no mar?
No encontro das sementes?
Ou, *in vitro,* como eu?
Meu pai não conheci, mas minhas mães, sim.
Sei que nasci de um sonho e o amor existia.
O universo é um sonho de amor infinito,
e cabe em um tubo de vidro.

VITÓRIA

SONHO

"Como vai ser essa criança? Acordei agitada e ainda com a memória de um sonho que, como todos os meus sonhos, foi muito estranho, desconexo, difícil de explicar, mas, ao mesmo tempo, tão bonito e real que acordei sentindo um frio na barriga que persiste ainda agora, junto com o sabor amargo do café. Faço um esforço para lembrar os detalhes, pois sei que, no decorrer do dia, as lembranças vão se apagar; mas essa sensação estranha, não, essa, sei que vai me acompanhar. Lembro-me do rostinho do bebê e, depois, de uma menina que corria e gritava. Eu a chamava pelo nome, mas não consigo mais me lembrar de qual era. Fecho os olhos na tentativa de adormecer brevemente, apenas o suficiente para resgatar esse nome lá do lugar onde ficam os sonhos. Mas o café, como âncora na realidade, já me prendeu e não me deixa mais ir tão longe. A menina brincalhona do sonho se parecia muito com uma amiga da escola de quem eu nem gostava muito, era chata e metida, mas também muito bonita e esperta. Eu queria ser ela. Confuso, mas, para mim, tudo fazia sentido. Fiquei com um sentimento de saudade de algo que só existiu em sonho, um carinho, uma alegria boba, misturados com uma certa angústia."

"Sonhei com os meninos quando eram pequenos, parecia que passava um dos filminhos que guardo deles até hoje. No sonho, eles tinham outra fisionomia, eram bem diferentes, mas eram eles mesmos. Sinto uma saudade, e acho que confundo sonho com lembranças. Brincávamos tanto, ríamos tanto, e tanto se passou desde então. Pensar em recomeçar tudo novamente. Preciso ligar para eles mais tarde."

Era ainda cedo quando estavam a caminho da clínica, e iam em silêncio, cada qual com seus pensamentos. Já haviam decidido que fariam o tratamento, e assim davam início a uma jornada que sabiam como começava, mas não como terminaria. Havia muito em jogo e era mais do que esperança ou desejo, era algo que existia ali quando se entreolharam e disseram ao mesmo tempo: "Chegamos..."

– A médica ainda está atrasada com a outra consulta, bem que avisaram que ela conversa demais, gosta de explicar tudo nos mínimos detalhes. Não entendo para que tomar tanto tempo explicando detalhes, se tem tudo na internet. Afinal, quem vem aqui e faz esse investimento tem que pesquisar antes. Ainda bem que o nosso horário não é no final do dia! Imagina a que horas sairíamos, com os atrasos se acumulando.
– Se outra pessoa ouvisse, pensaria que você está no shopping comprando um eletrodoméstico, e não realizando um sonho que vai mudar a nossa vida. Eu escolhi essa médica justamente por ela ser assim, e foi uma sorte termos uma amiga em comum que a recomendou. Não tem problema ter que esperar um pouco.
– Mesmo assim! Eu tenho horário, preciso ir para o escritório.
– Avise que vai atrasar um pouco e venha aqui comigo ver estas fotos na parede, enquanto esperamos.
– Tem muitos gêmeos.
– O que você acha de três, como estes aqui?
– Já pensou que trabalhão.
– Ora, como dizem: quem cria um cria dois, quem cria dois cria três, e é melhor, pois já resolve tudo de uma vez!
– Sonhei com eles. Cresceram e estão tão longe.

– Vamos ligar mais tarde.
– Pensava justamente nisso mais cedo, quando vínhamos para cá. Estou com saudades.

Sorriram e continuaram a observar tudo à sua volta, cada pequeno detalhe da decoração do consultório e das pessoas. Havia um grande arranjo de flores vermelhas na entrada, e, curiosamente, notaram um homem jovem sentado no canto da sala; ele estava de mãos dadas com uma senhora que parecia estar grávida. Também repararam em um lindo quadro de girassóis na recepção, e um casal que chegava e se dirigia à atendente. Ele era muito bonito e ela parecia mais velha, não era magra, se vestia de forma simples, e tinha um olhar determinado. Continuaram reparando em tudo, nas roupas, nos gestos, nas expressões, em qualquer sinal que pudesse dar pistas da história de cada um. Cochicharam, con-jecturaram e se divertiram com as suposições que formulavam, até que não aguentaram e riram alto; recompuseram-se e voltaram a observar as fotos.

> O médico especialista no tratamento da infertilidade é o fertileuta.

– São vocês agora. Entrem por aqui, por favor.
Pegaram as coisas que haviam ficado no sofá, ajeitaram-se e caminharam em direção a uma porta entreaberta.

O FORMULÁRIO

— "Termo de autorização e consentimento de reprodução assistida". Você já leu este formulário que nos deram no consultório?

— Li sim. Você está preenchendo?

– Estou, é bem extenso e estou confusa. Não sei como classificar você, tem aqui parceiro, cônjuge, pai, mãe...

– Não tem outra opção?

– Vou marcar "outros". Mesmo com as explicações que a médica deu, ainda tem muita coisa que não entendi e preciso de você aqui comigo.

– É complicado mesmo, porque o tratamento tem muitas etapas e são muitos termos técnicos a que você não está acostumada. O mais importante, agora no começo, são as injeções de hormônio para estimular o ovário a produzir mais óvulos de uma vez.

– Aqui diz que tem que fazer uma punção folicular. O que será isso?

– É a aspiração dos óvulos de dentro dos folículos.

— Será que dói?

— Lembra que a médica explicou que é uma intervenção simples, e não vai doer porque você estará anestesiada?

— Agora compreendo por que os médicos chamam a reprodução assistida de técnica de alta complexidade.

— Quem mandou faltar às aulas de biologia na escola?! Estão fazendo falta agora. Já posso ir?

— Ainda não, porque tem mais uma coisa que precisamos conversar antes de você sair. É a respeito do banco de sêmen.

> Reprodução assistida é o conjunto de técnicas, incluindo a fertilização *in vitro* (FIV), que visam ao tratamento da infertilidade.

— Pensei que você iria falar de outro tipo de banco, porque acho que vamos precisar de um empréstimo...

— Não brinque com isso! Estou falando sério e você sempre volta a essa questão. Já sabíamos que seria um tratamento caro quando decidimos começar com tudo isso.

— Sim, sabíamos, mas você também sabe que todo esse esforço pode não dar certo no final.

— Por que não?

— A médica explicou – e está bem claro aqui no formulário – que as chances, na sua idade, não são altas. Cada fase do tratamento tem um risco: você pode não gerar os óvulos, eles podem não fertilizar, o embrião pode não ser saudável. Depois de tudo isso, pode ser, ainda, que os embriões não se implantem na parede do útero quando fizerem a transferência.

— Por que esse pessimismo? É com o dinheiro que você se preocupa? O investimento que estamos fazendo é outro! E pensei que já tínhamos resolvido isso. Ou será que, na verdade, você não quer porque já tem os seus filhos?

— Estou apenas sendo realista, e é melhor pararmos por aqui com essa discussão. Vou para o trabalho e nos falamos mais tarde.

—Não! Vamos resolver agora sobre a doação do esperma. Sem isso, não podemos iniciar o tratamento.

— Então liga para o banco de esperma que a médica recomendou e vai lá.

— Não é assim, não! Você vai comigo e temos que discutir o perfil do doador também.

— Por que não importamos de um banco de esperma americano? Podemos selecionar melhor o doador. Eles fornecem um perfil detalhado e têm até foto. Quem sabe o neném já nasce falando inglês? Um custo a menos no futuro!

— Já que você só pensa em dinheiro, a doação de esperma aqui ainda é de graça.

Franziram a testa, trocaram um olhar falsamente sério e riram. O senso

> Considera-se 1978 como a data do início da reprodução assistida, com o nascimento de Louise Brown, conhecida como o primeiro bebê de proveta, nascida em Manchester, na Inglaterra (Reino Unido). No Brasil, o primeiro bebê nascido de fertilização in vitro foi Anna Paula Caldeira, que nasceu em 1984, em São José dos Pinhais, Paraná.

de humor cínico e provocativo era a forma que tinham de aliviar a tensão nos momentos mais difíceis. Era o jeito delas.

— Me convenceu! Quando vamos lá no banco?

— Olha, sem brincadeira agora! Acho que poderíamos fazer uma escolha aleatória. Fazer uma seleção com base no perfil do doador me parece antinatural e até preconceituoso.

— Não concordo com você. Por acaso, não escolhemos nossos parceiros de acordo com as características de que mais gostamos? Não é natural querer ter um filho parecido com a gente ou com as nossas preferências?

Elas sorriram, ficaram em silêncio, olharam juntas para o formulário e começaram a rubricar cada página. Tinham ainda muitas dúvidas, mas sabiam que, a partir daquele instante, estavam iniciando uma rotina de injeções, ultrassons, ansiedade, consultas, esperança e medo. Assumiam todos os riscos, todos os ganhos e todas as perdas. Uma mão pousou sobre a outra e foi retribuída com um leve aperto. Assinaram o formulário, levantaram-se e seguiram adiante com as tarefas do dia.

> A estimulação ovariana é feita com o auxílio de hormônios chamados gonadotropinas.

PEQUENAS VITÓRIAS

"Apreensiva. Era assim que me sentia naquela primeira fase do tratamento. Queria aprender cada detalhe e não errar em nada. Cuidei melhor da alimentação, tomei vitaminas e tentava repousar mais. Tinha que tomar as injeções todos os dias, no mesmo horário. Não podia errar a dose e aquilo me deixava nervosa. A primeira injeção fiz no consultório e, por mais simples que fosse o procedimento, dava um pouco de insegurança fazer em casa. Preferi tomar as injeções à noite, porque assim fazíamos juntas. As picadas da agulha doíam um pouquinho, mas logo me acostumei. Tinha um ritual e a minha atenção era plena, não podia desperdiçar o medicamento e qualquer distração me irritava. Desligava a televisão e o celular, só relaxava quando guardava tudo em seu lugar depois da aplicação, então fechava os olhos, respirava fundo e pensava: vai dar tudo certo".

"Toda vez que íamos ao consultório fazer o ultrassom, revivia a minha própria gravidez. Fomos lá quatro vezes para acompanhar a evolução dos folículos até o dia da aspiração. Eram ainda só folículos, mas vê-los crescer trazia uma esperança que nos alegrava; era como se já fossem fetos. Sabíamos que havia a possibilidade de ter que interromper o tratamento se os folículos não crescessem conforme o esperado e, por isso, cada ultrassom era uma vitória. Ela contava para todo mundo. Eu a censurei, porque queria ser mais prudente e moderar as expectativas dela e da família, mas não adiantou. A cada ultrassom, a audiência crescia exponencialmente. No primeiro, foi a avó; no segundo, a minha mãe, e depois a dela – o que gerou ciúme na minha sogra. Depois, as tias e as melhores amigas. Daí por diante, todos os amigos e vizinhos, e tudo isso em um período muito curto de 12 dias. No final,

> Os óvulos se desenvolvem dentro de pequenas "bolsas com líquido", que são os folículos. Através das ultrassonografias, o fertileuta acompanha esse desenvolvimento, que se dá entre 8 e 15 dias. Durante esse período, o tratamento pode ser interrompido, caso o desenvolvimento dos folículos não seja adequado. No final dessa fase, os óvulos são colhidos de dentro dessas bolsas por meio de uma punção (aspiração folicular).

antes mesmo da fertilização, todos já desejavam boa sorte e perguntavam pelo nome da criança. Ela nem estava grávida, mas já respondia com segurança: Vitória".

— Você não acha que ainda é cedo para dar um nome? Ainda tem a fertilização, o congelamento, a transferência, o embrião tem que implantar...
— Se dá certo para tanta gente, por que não daria certo para mim? A médica disse que cada etapa que superamos é uma pequena vitória e me veio logo a imagem daquela menina do sonho. Sempre me incomodou que ela não tivesse nome; agora, tem.
— Não é um nome meio óbvio?
— E daí?
— E se for menino? E se for mais de um?

"Nos divertimos inventando nomes engraçados, mas, ao mesmo tempo que ficava feliz em vê-la tão animada, me preocupava com tamanha expectativa. Enfim, talvez ela tivesse razão e naqueles doze dias vivemos doze meses, pois cada momento foi vivido muito intensamente; as emoções oscilavam entre alegria e inquietação, entre otimismo e medo, até que chegou o dia da coleta dos óvulos".

— Preparada?!
— Um pouquinho ansiosa.
— Isso é normal, mas tenho uma boa notícia: temos 10 folículos, o que é muito bom! Quando você estiver se recuperado da anestesia, já saberemos quantos óvulos conseguimos aspirar de dentro deles.
— E os embriões?
— Faremos logo em seguida a fertilização *in vitro*, e, em uns cinco dias, saberemos quantos embriões poderemos congelar.

Sorriu e a anestesia fez efeito. Enquanto acordava, ainda confusa e atordoada, ouviu uma voz carregada de alegria: "Foram oito!". Oito óvulos maduros de 10 folículos era um bom resultado. Cinco dias depois, veio o resultado dos embriões. Cinco óvulos foram fertilizados com sucesso e quatro evoluíram para embriões saudáveis, que foram congelados. Veio então um período de espera. Um longo mês tinha que passar para a transferência do embrião para o útero. Até ali, havia sido uma demanda emocional tão forte e constante que parecia que tudo o que era possível ser sentido havia sido e, por isso, pairava uma relativa serenidade, fruto desse esgotamento, até que chegou o dia da transferência.

> Após a transferência dos embriões para o útero, inicia-se o processo de gestação. Nessa fase, se a implantação dos embriões for bem-sucedida, o risco de interrupção da gravidez é o mesmo de uma concepção natural, sendo superior a 33% para mulheres acima de 40 anos.

— Vamos transferir três, que é o limite permitido para a sua idade.
— E o quarto?
— Fica congelado. Vocês podem implantar, no futuro, ou doar.
— Doar um filho meu? Complicado... Não quero um filho meu sendo criado por um estranho. Deixá-lo congelado, por outro lado, parece abandono.
— Não precisam pensar nisso agora.

Os embriões foram descongelados e a transferência correu bem. Elas voltaram para casa e, em onze dias, fariam o exame de sangue para gravidez. Mas não aguentaram esperar, foram juntas à farmácia e compraram o teste de urina.

— Negativo.

— Estamos no 5º dia, ainda não deu tempo.

— Não foi uma boa ideia fazer o teste antes do recomendado.

— Além disso, o teste de urina não é muito preciso.

Mesmo sabendo disso, repetiram o teste de urina todos os dias pela manhã. Naqueles dias, elas não conseguiam pensar em mais nada, e o resultado era sempre o mesmo. A esperança, agora, era o exame de sangue.

Era de manhã cedo. Entraram no carro e, praticamente, foram sem se falar no caminho para o laboratório de exames clínicos. Como no primeiro dia, quando tudo começou, estavam imersas em pensamentos; só que, dessa vez, não havia sonhos para serem recordados. Era tudo só apreensão.

Chegaram ao laboratório no horário certo, pontualmente 30 minutos antes da coleta. Colheram o sangue, pegaram a senha e foram para casa. O resultado sairia no mesmo dia. Uma hora após terem chegado, já estavam na internet buscando pelo resultado, que, como sabiam, não ficaria pronto até o final da tarde.

No consultório, a médica também monitorava o resultado do exame. Ela aproveitou o momento depois de um atendimento para admirar o lindo pôr do sol por detrás das árvores do parque que ficava bem atrás da clínica. Olhou também para as fotos das crianças na parede, que sempre lhe provocavam um involuntário sorriso, mesmo que as tivesse visto milhões de vezes. Já estava na hora do resultado do exame sair. Então, voltou-se para a tela do computador e lá estava ele. Não demorou muito para o celular tocar, e ela já sabia quem chamava. Respirou fundo e atendeu.

DE QUEM É A CULPA?

— Negativo, doutora

(Silêncio). (Choro).

A médica também se emocionou, apesar de passar por isso todos os dias.

— O que eu fiz de errado?

— Você não fez nada errado; não é culpa sua, não é culpa de ninguém.

— Mas por que dá certo para todo mundo e não deu para mim?

— Você sabe que não é assim.

— O que vamos fazer?

– Em geral, recomendamos tentar até três ciclos de tratamento. Além disso, vocês ainda têm um embrião congelado, que podemos implantar sem precisar fazer outra estimulação hormonal.

— Será que consigo passar por tudo isso de novo? Como vamos ficar sem a nossa menininha? Vai ficar faltando um pedaço. Sinto um vazio...

— Eu sei o que você está sentindo. Acredite em mim: o melhor, nesse momento, é descansar e deixar o tempo passar, que as coisas se ajeitam.

Nos dias seguintes, a culpa virou raiva. Ela não teve coragem de contar para a mãe, que já tinha netos da irmã mais nova e era isso que se esperava dela também. Ela sabia que a sua relação homoafetiva ainda era uma frustração para os pais – mais para o pai; a mãe se contentaria com netos.

Nada disso era dito e não precisava sê-lo. A maternidade era um sonho, mas também seria uma redenção.

> A taxa média de sucesso da técnica de fertilização in vitro depende de muitos fatores. Porém, a idade é o mais importante deles. Até os 35 anos de idade, a taxa de sucesso é superior a 50%, enquanto a partir dos 40 anos, essa taxa é inferior a 20%.

Tomou coragem e ligou primeiro para a avó, que sempre tinha uma palavra de carinho e incentivo. Depois, tomou fôlego e ligou para a mãe. Não conseguiu dar uma palavra, desabou a chorar. A mãe também. O pai tomou o telefone e apenas disse:
– Venha para casa, filha, te amamos. Esperamos por vocês duas.

E AGORA?

— Querida, já está na hora de conversarmos sobre o que vamos fazer.

— Tem razão, tenho pensado muito nisso, e acho que é chegada a hora de tomar algumas decisões.

— Também tenho pensado muito em tudo o que passamos, e vou apoiar se você quiser tentar novamente.

— Eu não quero mais.

— Eu entendo, foi mesmo tudo muito desgastante. Tudo bem se você não quiser mais.

— Não é só isso, preciso me distanciar, sair daqui, me afastar de tudo e recomeçar.

— Olha, eu posso tirar uma licença. Que tal viajarmos por algum tempo?

— Não é isso. Eu quero mudar de vida.

— Uma viagem vai fazer bem! Depois, na volta, você pode fazer um curso, talvez iniciar uma nova carreira ou, quem sabe, podemos começar um negócio juntas!!

— Estou pensando em seguir sozinha.

— Você quer dizer viajar sozinha? Por quanto tempo? E eu espero aqui?

— Não é para você me esperar.

— Não entendi... Do que você está falando? O que significa isso?

— Significa que quero retomar os projetos que tinha antes de conhecer você.

— Mas nós temos um projeto.

— Tínhamos, mas não aconteceu.

— Acho que você ainda está muito abalada e confusa. Vamos fazer uma viagem, as ideias vão clarear. E aí, quando retornarmos, conversaremos melhor.

— Eu sei que você não estava esperando por isso, mas tente me entender.

— Realmente, não esperava por isso. E não consigo aceitar uma separação depois de tudo o que fiz por você.

— Pensei que tinha sido por nós.

— E o que faremos com o embrião?

— Não precisamos resolver isso agora, podemos deixá-lo congelado.

— Não estou te reconhecendo! Não é possível que tenha mudado tanto! Podemos ainda retomar o nosso projeto, tentar a fertilização mais uma vez. Ou por que não adotar uma criança? Mesmo assim, se você não quiser, podemos continuar só nós duas; sempre estivemos bem assim.

— Eu te adoro e vou querer sempre o seu bem...

— Mas, você vai me deixar, não é?

— Não dá mais.

— Eu não vou ficar sozinha. Se não posso ter você comigo, ainda assim posso ter um filho seu. Vou implantar o embrião de Vitória no meu próprio útero.

**Vitória nasceu bem grandinha
Ela não sabe quem é o seu pai,
mas se sente muito amada
por suas duas mães.**

Amor *in vitro*

Pobre não pode sonhar.
Pobre tem que trabalhar.
Mas pobre pode rezar.
Rezo para Aparecida.
E as preces são as estrelas,
que ela carrega em seu manto.
Manto sagrado.
Manto estrelado.
Quando uma se desprende é um milagre que se faz.
Acredito em milagres,
e a música é a minha prece.
Aparecida está sempre aqui pertinho de mim.
Assim ela me ouve melhor.
Um dia a minha estrela virá.

ESTELA

CARTA CELESTE

— Quantas paradas ainda faltam para descer?
— Umas três, mas com esse trânsito...
— Ainda bem que saímos cedo de casa.
— É mesmo, porque lá é com hora marcada, e não podemos perder essa chance.
— Fique tranquila, que vai dar tempo.
— Então, vamos aproveitar para você me contar aquela história.
— Novamente? Não sei por que você gosta tanto que eu a repita tantas vezes.
— Sabe, sim! E é por isso que estamos aqui hoje. Por causa dela.
— Como já contei, tudo aconteceu meio por acaso. Mamãe era sozinha e não tinha com quem me deixar, e por isso me levou para o serviço dela. Era fim de tarde. Ela trabalhava no conservatório de música e, naquela noite, tinha um recital de piano com os dois finalistas de um concurso. Depois de recolher os ingressos, ela foi arrumar a coxia e me deixou ali, sentado na última fileira, onde ainda havia um lugar desocupado. O rapaz foi o primeiro a tocar. Era a primeira vez que eu ouvia piano. Difícil descrever, nunca estive tão perto do céu! Só voltava para a Terra quando minha mãe vinha ver como eu estava, me beijava e depois voltava para o serviço... Não é essa a parada? Vamos descer.

— Não, não, fique aí! Ainda faltam duas e está tudo congestionado. Continue.

— Mas você já conhece o resto.

— Quando você conta, ouço até as músicas.

— Às vezes, até penso que inventei essa história, mas esse nó na garganta que sinto toda vez que conto me relembra o quanto tudo é verdadeiro.

— Vai, continua.

O rapaz tocou divinamente, todos aplaudiram de pé, e eu copiava o que todos faziam instintivamente. Tudo ali era inusitado para mim e me deixava extasiado com tanta beleza. Então, anunciaram o outro finalista. Era uma moça, que também tocaria três peças. Ela entrou, sentou, tocou maravilhosamente a primeira e foi, merecidamente, muito aplaudida. Então, enquanto ela tocava a segunda música, a luz do dia cedia lugar, aos poucos, à escuridão da noite. E, quando terminou, as lâmpadas já iluminavam a sala. Havia algo diferente e misterioso na forma que ela tocava, e mais uma vez fui surpreendido com tanta beleza. Ela recebeu o carinho da plateia, agradeceu e se ajeitou no banco para tocar a última música. Fechou os olhos, respirou fundo... Ao som da primeira nota, as luzes se apagaram. Era um apagão, muito comum naquela época. Ouvi um suspiro coletivo, mas ela continuou como se nada tivesse acontecido. Houve um silêncio profundo de tudo o que não fosse aquela música. Ela tocou ainda mais docemente e parecia que as notas escapavam pela tampa aberta do piano, e flutuando no espaço vinham repousar suavemente nos meus ouvidos. Inefável. Eu, como todos ali, fiquei paralisado e parei de respirar. Inacreditavelmente, a luz voltou no exato momento em que ela tocou a última nota. Lentamente, ela tirou as mãos do teclado e se levantou. E tudo ainda era silêncio quando ela se virou para o público e, magicamente, mirou nos olhos de cada um – e de todos ao mesmo tempo –, penetrou nas nossas almas e deixou plantada uma semente de paz e serenidade. Depois, ela fechou os olhos e inclinou a cabeça, repousando as mãos vagarosamente sobre o coração, e o encantamento se desfez. O tempo e a respiração que estavam suspensos voltaram a fluir, o ar encheu os pulmões que, como se fossem balões, levantaram os corpos para, em seguida de pé, se esvaziarem no clamor dos gritos de bravo. Menos eu. Continuei imerso naquela outra dimensão afundado na cadeira, até a minha mãe chegar e me trazer de volta ao mundo, com um carinhoso beijo.

Eu ainda estava um pouco atordoado quando saímos do conservatório. Minha mãe me arrastava pelo braço com pressa, para não perdermos o horário do ônibus, e eu ia sem tirar os olhos do céu onde brilhavam as estrelas em uma noite clara de lua cheia.

— E foi aí que ela te deu a imagem de Nossa Senhora Aparecida.

— Foi, sim. Quando já estávamos a caminho de casa, ela me disse apontando para o alto, através da janela do ônibus, que quando eu olhasse para o céu em noites estreladas como aquela, lembrasse que o céu é o manto de Nossa Senhora e as estrelas que o decoram são as nossas preces. Quando uma estrela se solta e, rasgando o céu, cai aqui na Terra, é um milagre que se realiza. Olha! Agora só falta uma parada, já vamos descer no próximo.

— Que pena, poderia ficar aqui ouvindo você a manhã toda. Mas ainda dá tempo para contar a minha história, a história de como eu te conheci. Lembro como se fosse ontem. Tinha saído do serviço e, no caminho, ouvi uma música tão bonita por detrás de um tapume, que não resisti e espiei. Encontrei você lá, no meio de uma sala sem porta, tocando um piano empoeirado. Depois disso, passava por lá todos os dias, no mesmo horário, só para ouvir você tocar, e me recordo do medo que sentia de que a obra acabasse logo e eu jamais te conhecesse. Até que, um dia, eu entrei e pedi para você tocar aquela música que eu havia escutado pela primeira vez. Ainda hoje, quando você toca para mim, acho que sinto a mesma coisa que você sentiu no conservatório.

— É a mesma música.

— Você nunca me contou como aprendeu a tocá-la.

— Quando a minha mãe estava de folga no trabalho, ela sempre me levava para museus, teatros, parques, tudo o que fosse público, bom e barato. Então, em um domingo de sol, fomos ao parque, passeamos, tomamos a água de coco de que eu tanto gostava quando era pequeno e, impremeditadamente, entramos no planetário. Lá dentro, assistindo à projeção das estrelas no teto arredondado do salão, reconheci que a música que tocava suavemente como tema da exibição era a mesma que a pianista tocou no recital. A partir dali, pedia sempre para minha mãe me levar ao planetário, e fomos lá algumas vezes. Aprendi a tocar a música de ouvido, sem saber nada mais sobre ela, até que, muito mais tarde, quando já era adulto, descobri que ela havia sido composta especialmente para as estrelas.

— Você me levou lá no nosso primeiro passeio e me recordo do seu olhar distante. Só agora compreendo.

— Chegamos! Toca o sinal, senão vamos perder o ponto.

Cerca de 15% dos casais em idade fértil têm problemas em engravidar e a metade deles precisará contar com o auxílio da reprodução assistida.

ESTUDO CLÍNICO

— Olá, bom dia! Podem se sentar, que vou explicar para vocês os procedimentos.

— Bom dia, doutora; sei como funciona, porque a minha vizinha já me explicou.

— Sua vizinha... Por acaso, ela é médica?

—Não, mas está participando desse estudo.

— Este estudo é uma pesquisa para um novo medicamento, por isso não podemos garantir o resultado. Ela explicou isso?

— Sabemos disso, doutora. Mas quais são as nossas chances de entrar na lista?

— Quando fazemos um estudo clínico, temos que seguir um protocolo muito rigoroso, e só depois da avaliação selecionamos os casais que vão participar. Além disso, temos mais inscritos do que vagas, e por isso, também, não podemos garantir que vocês serão escolhidos.

— Claro, doutora, é sempre assim. Estamos acostumados com isso; para pobre, só pode ser desse jeito. Neste País, até parece que ter filho é direito só de rico.

— Você já tentou o Serviço Público?

— Sim, mas demorou tanto para ser chamada que, quando chegou a nossa vez, eu já tinha completado a idade de corte. Como não tem remédio para todo mundo, eles selecionam só até uma idade, e eu havia completado somente alguns dias antes. Pensei que iriam reconsiderar, dar um jeitinho, uma vez que foi culpa deles me fazerem esperar tanto, mas não adiantou, não. Fazer o tratamento no particular é muito caro e a nossa única esperança agora é fazer parte desse estudo.

— Vocês já foram informados que só cobrimos os remédios, exames, consultas e procedimentos relacionados ao estudo? E que não tem remuneração para participar?

— Fomos informados, sim, e é pela criança que viemos aqui.

— Aqui, na sua ficha, diz que você já tem três filhos; por que quer mais um?

O acesso público à reprodução assistida é muito limitado no Brasil, assim como a cobertura dos planos de saúde privados.

— E por que não? Se fosse uma consulta particular, você faria essa pergunta?

— Não precisa responder.

— Não tem problema, também estamos acostumados com isso. Meus filhos são de outros relacionamentos que eu tive quando era mais nova, já são grandes e estão na vida. Agora, queremos ter a nossa pianista.

— Pianista?!

— Isso mesmo, ele toca piano muito bem e foi assim que nos conhecemos.

— Interessante. E, como você teve meninos, agora quer uma menina.

— Não. É porque ele diz que a música é uma dádiva que recebeu das mulheres e, por isso, quer retribuir.

— Eu adoro música também, mas foi pelo meu pai que me encantei pelo piano. Como você aprendeu a tocar?

— Aprendi de ouvido, doutora; aproveitava as oportunidades que encontrava. No começo, tocava no órgão elétrico do coro da igreja; depois, no teclado de um bar, até que, um dia, minha mãe conseguiu um piano de verdade. Era de uma família que o usava como mobília. Ela fazia faxina lá na casa deles para completar a renda e, quando soube que se mudariam e não havia lugar na casa nova para o piano, pediu, pensando que dariam de bom grado. Eles aproveitaram para fazer um bom negócio; venderam descontando o pagamento que ainda deviam para ela e se livraram daquele móvel velho e pesado. Lembro que ajudei a pagar com uma pequena poupança que tinha de um bico que fazia e que foi bem complicado levar o piano para casa. Depois, eu mesmo o reformei e afinei. É meu companheiro até hoje e tenho muito orgulho dele. Desculpe a pergunta, doutora, mas esse pianista no quadro é o seu pai?

— Sei que não se parece muito comigo, mas é ele, sim. Ele era pianista igual a você e desejava que a filha também fosse. Todavia, não tenho esse talento, mas consigo pintar quadros como este.

— Eu acredito, doutora, que toda forma de arte é uma prece para se chegar aos céus. E a senhora deve chegar muito perto, porque pinta muito bem.

— Obrigada, você é muito gentil. O que faz na vida? É músico?

— A música é sagrada para mim, não é para ganhar dinheiro; isso faço como pintor nas construções, não sou como a doutora, que pinta telas.

— Não deixa de ser mais uma coincidência entre nós e tenho certeza de que deve ser um artista com as tintas também.

— Doutora, voltando ao nosso assunto, ele quer ter uma filha comigo e vai ter que fazer exames também, não é?

— É, sim, a informação dos homens é muito importante. Você já tentou ter filhos antes?

— Já tive outros relacionamentos, mas não aconteceu.

— Você já fez alguma avaliação de fertilidade masculina?

— Para quê, doutora? Não tem necessidade. Só não tive porque elas queriam ter mais tarde e tomavam remédio.

— Tem certeza? Elas disseram isso para você?

— Eu não tenho problema de impotência.

A infertilidade do casal ainda é, muitas vezes, atribuída à infertilidade feminina, apesar de a infertilidade masculina ser um fator de igual importância. Pode-se considerar que ao redor de 30% dos casos têm origem feminina; outros 30%, masculina; 30% de causa mista e 10% sem causa aparente. Ainda existem aspectos culturais que influenciam a sociedade a subestimar a infertilidade masculina.

— Acredito que não, e não precisa ficar bravo. A infertilidade não tem nada a ver com impotência. Os homens também podem ser inférteis; por isso, vamos precisar dos seus exames também.

NEGATIVA

— Desculpe-me fazê-la esperar, mas tinha que atender esse último casal. Veio sozinha hoje? Ele não veio?

— Melhor vir sozinha, porque tem assunto que mulher se entende melhor uma com a outra, não é mesmo? Doutora, vou precisar muito da sua ajuda. Recebi essa negativa para participar do estudo e queria ver se dá para fazer alguma coisa...

— Eu sei, e fiquei com muita pena quando vi a avaliação. Estava torcendo por vocês, mas, infelizmente, seguimos um protocolo e vocês não passaram.

— Mas qual é o problema? É comigo?

— Não, os resultados dos seus exames estão dentro dos parâmetros do estudo. O problema é ele, e provavelmente é por isso que você não consegue engravidar naturalmente. O espermograma mostra que as chances são muito baixas, mesmo fazendo a fertilização *in vitro*. Por isso, vocês foram excluídos.

— Mas se eu posso gerar os óvulos por que não podemos tentar? Pode dar certo.

— Tem outros casais que também querem essa oportunidade e têm mais chances que vocês. Independente do estudo, vocês ainda podem tentar uma gravidez com a doação de esperma e tentar uma inseminação artificial, que é mais simples e o custo é bem menor. Converse com ele!

— Nem pensar, doutora! Você sabe como é homem, e ele é muito orgulhoso. Ele não vai aceitar um filho de outro.

— Eu havia entendido que ele queria ter um filho seu...

— É isso mesmo, mas ele quer que seja dele também. Ele não fala, mas eu sei que tentou antes com as outras e não deu certo. No fundo, sabe que o problema pode ser com ele, mas desconversa e nem gosta de tocar nesse assunto.

— Vocês vão precisar conversar sobre isso algum dia e, quanto mais tarde, mais complicado será achar uma solução. Tive outros casos parecidos e, aos poucos, conseguimos mudar a ideia deles. Eu posso ajudar, volte aqui com ele e conversaremos juntos.

— Doutora, você é mulher e vai me entender. Ele é mais novo do que eu e você viu como é bonito, fala bem e é talentoso, bem sabe que ele pode ter a mulher que quiser. Filhos eu já tenho, mas não quero perder esse homem e ele sempre quis essa menina. Será que não tem um remédio, vitamina, alguma coisa que ele possa tomar, qualquer coisa? Não dá para me encaixar novamente nesse estudo? Pode ser que a gente tenha sorte.

— Já encerramos o recrutamento de pacientes no nosso centro e, infelizmente, ainda temos poucos recursos para tratar a infertilidade masculina. Poderia alimentar a sua esperança e receitar alguma coisa, mas, no caso dele, a probabilidade é realmente muito baixa. Nessa situação, o mais recomendado é a fertilização *in vitro* com sêmen doado.

> De acordo com dados do IBGE, a taxa de fecundidade brasileira tem declinado consistentemente desde a década de 1960 e, hoje, já se encontra abaixo de 2,1 filhos por mulher, que é considerada a taxa de reposição de uma população.

— Pode haver outra saída! Enquanto esperava na recepção, li aqueles folhetos que tem lá sobre doação de óvulos. A doutora disse que meus óvulos são bons. Então, se eu fizer o tratamento para doar meus óvulos, poderia ficar com alguns e aí fazer a fertilização in vitro por conta da clínica, não é mesmo? Uma outra amiga minha fez isso e não precisou pagar nada.

— Pelo visto, você tem muitas amigas... Olha, não é tão simples assim. Também temos critérios para doação de óvulos, buscamos pacientes mais jovens e que se enquadrem no perfil das receptoras.

— Que perfil?

— Semelhança física, por exemplo, e escolaridade.

— Agora, entendi. Para doar para rico tem que se parecer com rico também. Eu sou muito mais bonita do que muita rica. Olha aqui essa foto de quando eu era criança! Escolaridade, o dinheiro compra depois.

— Você é realmente bonita e, além de tudo, determinada. Mesmo assim, não é tão simples.

— É simples, sim. Muito simples. É a cor da minha pele, não é?

— Eu sinto muito.

> A doação de sêmen, no Brasil, é anônima, não pode ser remunerada e as informações sobre o doador são limitadas. Em outros países, as informações sobre o doador podem ser mais detalhadas, incluindo fotos, e a doação de sêmen pode ser comercializada.

— Eu também sinto muito, sinto muita revolta. Gente como eu recebe o negativo sem ao menos poder tentar. Recebi negativo do serviço público, negativo do estudo, e agora negativo até para doar meus óvulos para os outros. O certo seria receber o negativo no teste de urina, e até para isso, às vezes, o dinheiro da gente não dá! Pobre precisa esperar a menstruação atrasar e começar a enjoar pra saber que está grávida, foi assim quando tive os meninos. Pelo menos, a gravidez dos meninos foi natural e não dependi de ninguém.

— Eu entendo.

— Entende nada, só quem sofre sabe o que é isso. A gente fica dependendo da sorte para tudo. Por que o governo, que faz tanta coisa errada com o dinheiro, não pode pelo menos ajudar a gente com isso? Deve ser de propósito, para o pobre não ter filho.

— Não perca a esperança. Já vi muita coisa boa acontecer quando menos se espera. Nós não sabemos tudo e, muitas vezes, quando o tratamento não dá certo, a natureza, por conta própria, nos surpreende. A concepção é um mistério e eu acredito que todo bebê que nasce é um milagre.

— É ele quem acredita em milagre, e até coloca a Nossa Senhora em cima do piano para ouvir as preces dele. Ele diz que ela entende a gente porque é negra também, mas eu não acredito em milagres. Só acredito no meu coração, que me empurra para a frente, me dá força para não desistir.

— Pensem bem, vocês têm alternativas para formar uma família e a adoção é uma delas. Imagine quantas crianças esperam por essa chance.

Ela ainda pensou em chorar e tentar mais uma vez dar um jeitinho para participar do estudo; se fosse um médico, poderia até funcionar, mas com outra mulher, não. Então, se levantou, ajeitou o cabelo, virou-se e, sem se despedir, saiu com pressa, em direção ao ponto de ônibus. Chovia muito e o céu parecia desabar. No seu rosto molhado, não se distinguia a água da chuva das lágrimas. Já era tarde e o ônibus estava vazio, sentou-se lá no fundo e chorou ainda mais. Era raiva, angústia e, acima de tudo, desesperança. Mas o caminho de volta para casa era longo, deu tempo para se acalmar e voltar a pensar. Ela lembrou a sugestão da médica sobre a inseminação artificial com doação de sêmen. Ela podia, então, tentar de novo com um método mais simples, menos caro, escolheria no banco de sêmen um doador com as características dele e ele nem precisaria ficar sabendo... Afinal, os homens são distraídos com essas coisas e seria para o bem dele mesmo.

ESTRELA

Quando desceu do ônibus, a chuva havia parado e ela não pensava mais em nada que não fosse chegar logo em casa. No caminho, olhou para o céu estrelado e a lua cheia brilhava. Quando estava se aproximando de casa, já ouvia baixinho ele tocando; os vizinhos nunca reclamavam. Enquanto abria a porta para entrar, olhou para o céu mais uma vez, viu um risco luminoso. Entrou e lá estava ele, como sempre, tocando com a Aparecida em cima do piano. Sem parar de tocar, ele se virou e deu aquele sorriso largo que até parecia um teclado, voltou-se para o piano, fechou os olhos e e continuou tocando, imerso nas lembranças do recital no conservatório, dos passeios no parque, daquele dia na obra, imaginando uma menina que corria segurando balões coloridos. Ela o abraçou delicadamente e novamente chorou, sem que ele percebesse.

Estela nasceu tempos depois e é muito parecida com a mãe.

Amor *in vitro*

"O que é o amor?
Onde vai dar?
Parece não ter fim..."

Versos iniciais da canção "Oque é o amor?" Autores: Dudu Falcão e Danilo Caymmi. Sugerimos a gravação original na voz da cantora Selma Reis, 1990.

EMÍLIA

AMOR

— Ela gostava dessa canção e vivia cantarolando pela casa.
— Também gosto muito dessa canção. Costumo ficar aqui, ouvindo algumas músicas antigas durante os intervalos, enquanto coloco os e-mails em dia. Vou desligar, para conversarmos.
— Deixe baixinho, que não atrapalha e me traz boas lembranças.
— Aproveite as recordações e me conte mais sobre ela!
— Ela era muito brincalhona e esperta.
— Já faz três anos, certo?
— Sim, mas parece muito mais. A falta que ela faz aumenta o tempo.
— Lamento muito, eu sei o quanto é difícil perder uma pessoa amada.
— É verdade, mas não quero te distrair com essas histórias agora.
— Ao contrário, conte o que tiver vontade.
— Não é simples.
— Nunca é, por isso você está aqui.
— Tem razão, e a sua reputação é muito boa. Conheci alguns dos seus clientes, e eles dizem que você é diferente.
— Eles são generosos, talvez digam isso porque eu coloco todo o meu coração no que faço.

— Deve ser isso, mas confesso que hesitei em vir aqui. Procurava um perfil mais técnico, sempre pensei que no final do dia prevalece a racionalidade, nos tribunais e fora deles.

— Nem sempre é assim e, com certeza, nunca é só isso. Eu acredito que é na compreensão da ambiguidade humana que encontramos os caminhos. A chave é empatia, e atenção a tudo o que é dito e àquilo que não é.

— Subjetivo demais para mim. Mas, se tem dado resultado, por onde começamos?

— Pelo começo! e vai precisar ter paciência comigo, porque vou fazer muitas perguntas. Comece me contando como foi que se conheceram e quando passaram a viver juntos.

— É uma história bem comum! Nós nos conhecemos ainda na escola e começamos a namorar quando estávamos na faculdade. Passamos a morar juntos logo depois que nos formamos e conseguimos um trabalho.

— E quando foi que descobriram que ela estava doente? Que idade tinham?

— Mais ou menos nessa mesma época; tínhamos vinte e cinco anos. Ela foi ao ginecologista para um exame de rotina e a mamografia detectou o tumor de mama.

— Imagino que deve ter sido um choque enorme, ainda mais sendo tão jovens e começando a vida.

— Foi assustador. Tudo virou de cabeça para baixo. Procuramos imediatamente o oncologista, com a esperança de que fosse algo menor, fácil de resolver. Mas, infelizmente, era grave.

— E foi aí que vocês congelaram os óvulos?

— Felizmente, sim. Ainda não pensávamos em ter filhos, no entanto, por insistência do médico, procuramos um especialista em oncofertilidade. Ele nos convenceu da importância de fazer o congelamento de óvulos antes de começar a quimioterapia, pois o tratamento poderia afetar a fertilidade dela e dificultar a gravidez no futuro.

— Era como um seguro, caso desejassem ter um filho depois.

— Exatamente, mas não tínhamos muito tempo. O tumor era agressivo e a quimioterapia tinha que começar logo. Tivemos que iniciar as injeções para induzir a ovulação antes mesmo do novo ciclo menstrual. Não dava para esperar.

— Uma situação muito dura para um casal tão jovem. Vocês contaram com o apoio da família?

— Sim e não. Sim com relação ao tratamento do câncer, mas não com relação ao congelamento de óvulos, que fizemos sem contar para eles.

Existem mais de 70 mil novos casos de câncer de mama por ano no Brasil.

— E por quê?

— Do lado da família dela, havia um descontentamento velado com a nossa relação. Eles sempre foram muito ricos e, como eu vinha de uma família muito simples, pensavam que eu não era adequado para a filha deles. Me tratavam com educação e esse preconceito não era explícito; entretanto, eu sentia que eles esperavam que, com o tempo, a nossa relação terminasse, depois que a doença fosse superada. A oportunidade do congelamento nos levaria para outra direção, nos daria um futuro.

— E com a sua família, também havia um problema?

— A religião. Eles são muito conservadores e não gostavam de que não tivéssemos nos casado no religioso, apesar de gostarem muito dela. Seria ainda mais difícil para eles aceitar a ideia de congelamento de óvulos. A reprodução assistida era algo inconcebível porque, na perspectiva deles, seria antinatural e contra as leis de Deus.

— Você se sentia culpado?

— Sim, cresci nesse ambiente muito rigoroso e sempre fui muito apegado à minha família. Eu sofria por não ter seguido o caminho deles, como meus irmãos mais novos fizeram, e a ideia da reprodução assistida aumentaria o nosso afastamento. Meu pai nos ensinava, quando ainda éramos crianças, que a vida devia ser aceita como ela é. Ele dizia que os obstáculos que temos na vida vêm de Deus e, portanto, têm uma razão de ser.

> Cada religião encara a reprodução assistida por perspectivas diferentes e esse é um fator muito relevante nas tomadas de decisões das famílias ao longo de cada fase do tratamento.

— E a sua mãe? Como reagiu a tudo isso?

— Minha mãe evitava contrariar o meu pai, ouvia o que ele dizia e não discutia, mas eu sabia que, no fundo, ela tinha uma compreensão maior da vida.

— E ela, como lidava com a doença e o desejo de ser mãe?

— Ela era muito prática. Eu, no entanto, tive muitas dúvidas.

— Por que você, então, seguiu em frente?

— Por ela.

— E agora?

— Por mim.

— Me conte mais sobre o que aconteceu depois da quimioterapia.

— Ela se recuperou bem e voltamos a uma vida normal, e então o desejo de ser mãe foi ficando cada vez mais forte. Entretanto, eu quis esperar um pouco mais e posterguei, até que, uns três anos mais tarde, decidimos ter a nossa filha.

— Não podia ser um filho também?

— Claro que sim, mas ela sonhava com uma menina primeiro e já tinha até nome para ela. Quando ela era pequena, passava as férias no sítio da família, no interior, e vivia fantasiando com as histórias de Lobato que a sua avó contava na hora de dormir. Ela me garantia que já tinha visto o Saci-Pererê e a Cuca. Dizia isso com tanta convicção que eu até acho que acredito.

— Eu também adorava essas histórias e me fazia de Pedrinho. E ela, com quem fantasiava?

— Ela era ruiva e sardenta...

— Não é difícil adivinhar!

— Ela vivia agarrada com uma boneca de pano que guardou da infância, do tipo que se fazia antigamente na roça. Ela penteava a boneca e a abraçava como se fosse um bebê, e cantava aquela música para a boneca dormir. Eu ria e dizia que ela era louca, e ela me respondia que estava só treinando. Guardei a boneca e a coleção de Monteiro Lobato para dar para a nossa filha. Ela vai se chamar Emilia.

— Não podiam ter escolhido um nome melhor. Quando foi que vocês resolveram fazer a fertilização *in vitro*?

— Ela queria fazer logo, mas eu insisti que poderíamos tentar de forma natural primeiro, e tentamos por algum tempo, mas não deu certo. O médico tinha razão. A quimio afetou a fertilidade e, então, não tivemos escolha. Finalmente, aceitei a ideia de fazer a fertilização com os óvulos que já estavam congelados.

— Entendi, da nossa última conversa, que a fertilização foi bem-sucedida. O que aconteceu?

— De fato, conseguimos embriões saudáveis e fizemos a transferência, a implantação foi bem-sucedida e, por algumas semanas, o feto se desenvolveu bem, mas ela abortou naturalmente depois. Ainda tínhamos alguns embriões congelados e poderíamos ter tentado novamente logo em seguida. Só que resolvemos, antes, fazer a viagem de lua de mel que nunca havíamos feito. Viajamos e voltamos animados para recomeçar e tentar mais uma vez, mas...

— Tome seu tempo. Vou pegar água.

— O resto da história, você já conhece.

— Você já sabe que vai ser difícil usar esses embriões agora, mesmo sendo da sua esposa.

— Difícil é entender como pode ser mais fácil doar anonimamente para estranhos do que ter meus próprios embriões de volta.

— É uma questão um pouco complexa.

— Não, é só uma questão de bom senso.

— Para quem? Muitos pensam diferente. Como você mesmo sabe, a religião, a cultura e a experiência de vida de cada um produzem diversos pontos de vista. O juiz que vai julgar o seu caso também é humano, e ele está sujeito a todos esses fatores.

— E o que fazemos? Quais são as chances de conseguir ganhar esse caso?

— Vai dar certo, confie em mim. Teremos que considerar todas as objeções possíveis e pesquisar a jurisprudência. O seu caso não é o primeiro, porém, tudo isso ainda é muito novo. E, assim como a sociedade ainda está aprendendo a lidar com essas questões, a Justiça também está.

— Que tipo de objeções podemos ter?

— Primeiro, precisamos demonstrar que ela desejava que você tivesse esse filho mesmo na sua falta, e depois, convencer que você pode ser um bom pai nessas circunstâncias.

— Como assim? Que circunstâncias?

— De pai solteiro.

— Nunca pensei nisso. Se eu fosse mulher, precisaria convencer alguém? Mãe solo que engravida com inseminação artificial e sêmen doado não precisa provar nada. Por que seria diferente comigo?

— Porque homem também sofre preconceitos e este é um deles.

— Você já teve algum caso assim?

— Mais do que isso, fui criado só pelo meu pai e vi como isso acontece.

— Não sabia disso. E como foi a vida de vocês?

— Fomos muito felizes, assim como vocês também serão. Mas vamos nos concentrar, no momento, em provar que essa era a vontade dela. Vocês conversaram sobre essa possibilidade? Combinaram o que fariam? Ela deixou alguma autorização por escrito ou algum tipo de testamento?

— Olhando para trás, sei que ela tentou conversar comigo, mas aceitar a ausência dela era uma ideia que eu não queria enfrentar e, de alguma forma, evitei a conversa. Eu não queria admitir que isso pudesse acontecer, mas agora estou aqui.

— Como conseguiu manter os embriões congelados durante todo esse tempo?

— Simplesmente, não avisei à clínica que ela havia falecido e continuei pagando o congelamento.

— Vamos encontrar uma solução e conseguir liberar legalmente os embriões, mas, ainda assim, você vai precisar de uma receptora ou, como dizem, de uma barriga de aluguel, e a legislação só permite se for voluntário e parente até o 4º grau. Você já pensou nisso?

— Sim, e cometi um erro. Me precipitei e procurei a família dela, imaginando que ficariam felizes com essa possibilidade e me apoiariam. A família

A discussão da ética a respeito da reprodução assistida é um dos maiores desafios contemporâneos. O avanço da ciência, nas últimas décadas, impôs dilemas que ainda estão sendo elaborados e cada sociedade tem respondido a eles de forma diferente.

dela é grande, ela tem irmãs e primas que poderiam se voluntariar.

— Os pais dela já têm netos?

— Têm, sim.

— Já posso imaginar qual foi a resposta deles.

— Olhando para trás, sei que fui ingênuo, mas eles me surpreenderam com uma atitude que eu não podia esperar. Eles não só não deram apoio, como me advertiram que não permitiriam que eu usasse os embriões, e eles já entraram na Justiça.

— Devem estar preocupados com o direito à herança, e sem dúvida isso complica o caso.

— Eu só quero a minha filha, não uma herdeira!

— A sua família já sabe de tudo isso?

— Eu não tive coragem de envolvê-los, mas a minha mãe me surpreendeu. Quando pensei que não tinha mais saída, foi ela quem me procurou e me contou que, antes de morrer, elas tiveram uma conversa.

— Pelo que você já me contou, sei que eram bem amigas.

— Se adoravam, e ela fez um pedido para a minha mãe que eu desconhecia. Pediu que me ajudasse a realizar o nosso sonho, mesmo sem ela.

— Então, a sua mãe pode ser a testemunha de que precisamos para provar que era a vontade dela.

— Mais do que isso, ela se ofereceu como receptora.

— Por essa eu não esperava! Que idade ela tem? Sua mãe ainda consegue engravidar?

— Eu sou o primogênito e a minha mãe era bem jovem quando nasci. Consultamos uma fertileuta que nos explicou que ela está no limite da idade, mas ainda pode ter uma gestação bem-sucedida. De qualquer forma, não podemos esperar muito.

— E a religião? Como resolveram isso com o seu pai?

— Ela argumentou que os embriões congelados são almas que ficam suspensas entre o céu e a Terra e que os netos deles não mereciam esse destino.

— Qual foi a reação dele?

— No primeiro momento, não disse nada e ficou quieto por alguns dias. Depois, me procurou, junto com a minha mãe e os meus irmãos, e disse que permitir que os seus netos ficassem no limbo seria um pecado ainda maior do que tentar trazê-los à vida. Por isso, ele aceitou como uma missão.

— Você acha que ele realmente acredita nisso?

— Isso importa?

— Que bela história.

— Irei contá-la um dia para Emília.

Emília é alegre e vive agarrada com a sua boneca. Diz que, quando crescer, vai ser advogada como o padrinho.

Cabeça,
Pensamentos,
Rodamoinho.

Peito,
Vazio,
Solidão.

Instrumento,
Conecto,
Ausculto.

Coração,
Encontro,
É lá.

LOUISE

FOTOS NA PAREDE

As fotos na parede do consultório guardam as muitas histórias que passaram por mim durante todos esses anos. É inevitável não sorrir e sentir uma pontinha de felicidade quando vejo a carinha dos bebês e a alegria estampada no rosto dos pais nas fotografias. Todavia, muitas histórias que por aqui passaram não deixaram fotos, e essas guardo no meu peito, bem perto da minha própria história. Todas são histórias de amor. A minha ainda está sendo escrita e não sei como será o final, mas já reservei um lugar especial na parede: fica ali, em um cantinho discreto, perto do quadro do meu pai. O pianista e a sua mulher me fizeram lembrar muito dele. Não me pareço fisicamente com o meu pai e não herdei o dom da música. Ainda hoje, tenho dúvidas quanto a ele ser realmente o meu pai biológico, mas isso nunca importou, porque sempre me senti muito amada. Ele dizia que, na vida, tudo se ajeita, por isso vida é uma palavra feminina. E quando as coisas complicam, é a mulher quem sempre dá um jeito. Com a infertilidade é assim: os homens geralmente querem contornar o problema, enquanto elas tomam a iniciativa e enfrentam. Será que é o tempo mais curto do nosso relógio biológico que nos faz assim? Já me disseram que, por instinto, os homens se interessam mais pela mulher e o sexo, e as mulheres, pelos filhos e a maternidade. Muitas coisas são ditas, mas com o meu último paciente não foi bem assim. Ele quer dar a vida ao seu embrião com a esposa já falecida. Há uma mudança em curso que já vejo em muitos homens viúvos, separados, solteiros e gays, que me procuram aqui na clínica. Acho que eles estão aprendendo e nós estamos ganhando mais tempo para tomar as nossas decisões, e com isso, mais autonomia. Mesmo assim, me pergunto de onde será que vem essa força e coragem de ser mãe que eu mesma não tive. Creio que não seja só instinto, é mais profundo. Vem do amor. Lembro como o meu pai me abraçava.

Aqui, sozinha, no silêncio, olhando essas fotos, me vêm tantas lembranças. E esse vazio no peito. Esse vazio me incomoda cada vez mais. Não é arrependimento ou culpa, é uma espécie de mágoa comigo mesma, é como se eu tivesse abortado meu coração também.

Preciso tomar um pouco de ar e, pela janela, observo as árvores do parque. Vejo as pessoas caminhando, correndo, passeando, crianças brincando. Nunca gostei de correr, mas corri muitas vezes ali, só para ficar com ele. Era o tempo que tínhamos fora do hospital onde eu fazia residência e ele era o chefe do departamento. Na época, viver uma relação com um homem a quem admirava, mais maduro e que se destacava, alimentava o meu ego. Ele era casado, o que para mim era melhor ainda, pela aventura e liberdade. Eu me sentia poderosa e adorava flertar com ele no hospital, fazendo um jogo secreto, excitante e arriscado. Era divertido e inconsequente. Provocava sutilmente o ciúme e a inveja das outras mulheres; e eu gostava, aumentava ainda mais o meu ego. Acreditava que o único risco que eu corria era o de ter o nosso segredo revelado, o que, no final das contas, seria mais problema dele do que meu. Só depois entendi que arrisquei muito mais do que pensava e perdi muito mais do que ele. Agora, vejo como fui apenas a personagem de uma história clichê que terminou com uma gravidez não planejada, o fim de uma relação e um aborto. Depois do susto com o resultado do exame, por algum tempo me encantei com a ideia da maternidade, fantasiei viver com ele e com o bebê. Imaginei que o nosso filho seria tão bonito quanto os filhos que ele já tinha. Sentia uma tontura quando pensava nisso, ao mesmo tempo em que vinham, na cabeça, os meus projetos de carreira e o que a minha mãe diria se soubesse. Foi difícil, muito difícil. O medo e a fantasia ainda estavam misturados quando o procurei para contar. Ele foi frio e teve raiva, pensou que tinha sido proposital. Eu sou médica e ainda me pergunto como fui tão descuidada – ou não. Não senti raiva dele, senti culpa. No final, me organizei, racionalizei e tomei a decisão que tomei. Foi consciente e foi por mim, pelos meus projetos, não foi por ele. Dá um alívio pensar que agi por amor, amor-próprio, mesmo assim sinto este vazio. Às vezes, penso se teria sido diferente se ele quisesse, mesmo se não ficasse comigo. Nunca contei para os meus pais, mas creio que sei como agiriam, especialmente a minha mãe. Talvez, isso pudesse ter sido também diferente e ter mudado essa história.

Aí, me afastei dele e recomecei a carreira do Serviço Público. Foi lá onde vi muitas mulheres que também se descuidaram na emergência do hospital, por conta de um procedimento clandestino. Eu tive hemorragia, mas estava bem amparada e, quando lembro o que me aconteceu, lembro também, com muita tristeza, todas aquelas, algumas ainda meninas, que não tiveram a mesma sorte. Muitas morrem por isso.

> O aborto induzido é criminalizado na maior parte dos países latino-americanos. No Brasil, estima-se que cerca de um milhão de procedimentos clandestinos ocorram todos os anos, gerando hospitalização, complicações graves e morte.

Foi lá também que encontrei a alegria em ajudar outras mulheres que queriam ser mães, mas não conseguiam engravidar. Aprendi que, na vida, há muitos amores e eu encontrei amor naquilo que faço até hoje.

Volto-me para as fotos e penso em quantas vezes me perguntaram quando colocaria a foto do meu bebê nesta parede. É quase inevitável e a pergunta geralmente vem das amigas, mas também de algumas pacientes depois que tiveram sucesso com a reprodução assistida. Os homens nunca perguntam. Sorrio e respondo, com naturalidade e confiança, como a minha mãe ensinou, que estou bem resolvida com o meu trabalho e gosto da liberdade que tenho. É uma meia-verdade. A outra metade, que guardo e não revelo, é que tenho muito medo de ficar sozinha. Papai já morreu e minha mãe, de certa forma, também; ela está com Alzheimer. Ele era doce, carinhoso, simples e tranquilo. Minha mãe sempre foi racional, vaidosa, complexa e egoísta. Amei muito o meu pai e aprendi muito com minha mãe. Eu admirava demais a inteligência e a astúcia dela, apesar da arrogância. Muito dela ficou em mim, na aparência, no jeito de pensar e de agir. Aprendi que devia estudar e trabalhar muito, manter sempre a postura, ser muito seletiva com as amizades e, principalmente, com os amores. Ela dizia que eu devia sorrir sempre, ouvir mais do que falar, perguntar muito, responder somente quando interessasse e jamais revelar a idade. Dizia também que os homens são simples, não resistem às lágrimas de uma mulher, e que se consegue muito deles com o sexo. Já as mulheres são sutis e nelas deve-se confiar sempre desconfiando, pois estão constantemente premeditando algo. Com a experiência, agora entendo que ela estava, em grande parte, certa. Hoje, ela não consegue se pentear e não me reconhece mais. Sou sua única filha e cuido dela com a ajuda de dois anjos que trabalhavam comigo no hospital onde me especializei como fertileuta. Vendo a minha mãe assim, fico apavorada com a solidão, a fragilidade da velhice e a possibilidade de ter herdado a doença dela. Quem cuidará de mim?

Se pudesse voltar no tempo, creio que mudaria muitas coisas. Sempre achei que a sorte não existia, mas existe e é como um trem que passa na sua frente; passou para mim, mas não embarquei. Julguei que não me levaria onde planejava chegar. Calculei demais. Ele era bonito, alegre, um pouco tímido, uma pessoa simples, lembrava meu pai. Nós nos conhecemos por acaso e era improvável que tudo não passasse apenas de mais uma aventura fugaz. Aos poucos porém, com aquele jeito despretensioso e ao mesmo tempo intenso e espontâneo, ele me desarmou. Ficamos juntos por um bom tempo, ele queria ter uma família e eu comecei a querer também, mas ele não se enquadrava no perfil que eu tinha em mente. Naquela época, eu já havia congelado meus óvulos e isso me dava tempo para escolher melhor. Confesso que não foi fácil me separar. Eu gostava tanto dele. Criava brigas desnecessárias para ter motivos, separava, sentia falta, voltava. Em uma das vezes que terminamos, eu havia engravidado. Pensei em ter o bebê sozinha, sem que ninguém soubesse. Desapareceria por um tempo e, quando voltasse, recomeçaríamos só nós dois. Quanta loucura para quem tanto calcula! Perdi o bebê naturalmente. E ele também. Depois disso, tive vários casos com homens que se enquadravam melhor no perfil, mas com nenhum foi amor. Com ele, foi.

Olho agora para a foto de Ana, que está em cima da minha mesa, e começo a rir sozinha. Ana é minha afilhada e a mãe dela é minha melhor amiga. É a história da gravidez da mãe de Ana que me faz rir todas as vezes que me recordo do que aconteceu. Estávamos, junto com outras amigas, comemorando seu aniversário de 45 anos e dei de presente para ela o romance de Tolstói de que mais gosto. Ela olhou a capa, disse que adorou e foi aí, então, que, repentinamente, pediu a atenção de todas para revelar uma decisão. Como ela era um pouco doida e muito engraçada, ninguém levou a sério quando ela comunicou que, inspirada no meu presente, teria uma filha e o seu nome seria o da protagonista da história do livro.

Em seguida, explicou que, como não tinha marido ou namorado, a partir daquela noite, jogaria roleta-russa até engravidar. A coisa era assim: iria para as baladas, escolheria um homem bonito e de boa conversa, sairia com ele sem usar preservativos – e ela deixou claro que já havia parado com o anticoncepcional havia algum tempo. Ela jogaria com a sorte, como se joga na roleta-russa, só que, na versão dela do jogo, a lógica era invertida: o erro seria o acerto e a vida, não a morte, seria o resultado. Ela também contou que adotaria duas regras: nunca repetir o parceiro e seguir o protocolo sistematicamente até engravidar. Levando na brincadeira, ofereci como alternativa um tratamento de reprodução assistida com desconto especial, faríamos lá na clínica e eu seria a madrinha da menina como parte do pacote promocional. Ela agradeceu, aceitou que eu fosse a madrinha, mas assegurou que, mesmo com o desconto, a roleta-russa era bem mais barata e, com toda a certeza, muito mais divertida. Depois disso, afirmou com segurança que, considerando as probabilidades de um acerto em cada seis tentativas, o período de ovulação, três baladas por semana, a taxa de fertilidade média dos homens, e assumindo é claro que ela era cem por cento fértil, em três meses, estaria grávida. Não sei se foi porque ela é bioestatística ou porque ninguém a levou a sério mesmo, o fato é que não ousamos discutir a precisão matemática da sua estratégia. Naquela mesma noite, ela começou a descumprir o plano, pois eu tive que levá-la direto para casa, porque havia bebido demais. Ela afirma que começou o projeto no dia seguinte, porém descumpriu a regra de não repetir o parceiro. Mas a regra de tentar a sorte sistematicamente até engravidar, essa, sim, ela cumpriu à risca! A minha amiga encontrou o pai de Ana, engravidou em três meses, como havia prognosticado, e eles estão juntos até hoje. Será que a loucura acerta mais os seus cálculos do que a razão? Lembro-me do meu pai dizendo que a minha mãe estava certa quando dizia que com a vida não se brinca, mas sempre completava dizendo que, mesmo assim, pode-se brincar na vida. Talvez, tudo o que nos acontece seja mais fruto do acaso e da sorte do que queiramos admitir. Agora, sei que devia ter brincado mais.

Por que logo agora estou me questionando tanto? Ser bem sucedida na carreira, financeiramente independente e bem resolvida sozinha não é o suficiente? Acho que a mulher é sempre tão cobrada por todos que, involuntariamente, passamos a cobrar demais de nós mesmas. Não ter um homem ao lado ou não ter sido mãe é uma espécie de fracasso, e é difícil saber qual dos dois pesa mais. Uma paciente me disse, uma vez, que era obrigação da mulher cumprir a sua profecia, a maternidade. De um homem, não se cobra nada disso, mas nós precisamos justificar por toda a vida. É um tipo de assédio sutil, disfarçado e gradual, que vai se enraizando na gente. Será que é desse lugar que vem agora essa vontade de ser mãe? Hoje, não estou sozinha, e foi a mãe de Ana que nos apresentou. Ele é empresário, separado, e seus filhos já são maiores de idade e vivem com a mãe em outro país. Não é muito culto, prefere mergulhar e velejar a ler, mas é razoavelmente inteligente, e admito que o status e a condição financeira compensam muita coisa. Gosto do seu charme, ele é divertido e adora viajar, como eu. Os critérios no meu *checklist* não mudaram muito, mas confesso que a pontuação mínima exigida hoje é bem mais baixa. Tem um critério que ganhou mais peso ao longo do tempo, senso de humor – e, nisso, ele pontua bem. Sendo médica, não posso deixar de incluir o perfil clínico e genético na avaliação, especialmente considerando a possibilidade de ter um filho com ele. Nesse caso, ele pontua menos, mas não é grave – nada que os meus amigos não consigam resolver no laboratório, com PGD e *screening*. Enfim, com a nova abordagem, ele passa. De qual-

> PGD: Preimplantation Genetic Diagnosis (Diagnóstico Genético Pré-implantação), que pode ser realizado com embriões e usado como critério de seleção (*screening*).

quer maneira, passei a levar isso muito menos a sério depois que uma amiga psicóloga propôs uma autoavaliação.

Éramos quatro, estávamos reunidas na casa de uma delas para falar da vida – da nossa e, principalmente, da dos outros – e brincávamos de aplicar o meu método para avaliar alguns *candidatos*. Foi quando essa amiga propôs que calculássemos a nossa própria pontuação. Fizemos, assim, uma autoavaliação e nos divertimos comparando os resultados, todos altíssimos, é claro. Porém, fazendo depois uma reflexão sincera, a minha pontuação não é tão alta assim. Perdeu a graça!

Na verdade, estou muito preocupada. Vamos ter que conversar e, como ele já tem filhos, é bem provável que não queira mais do que temos agora. É prazeroso e mais fácil viver na superfície e a conversa sobre uma criança vai ser um mergulho para o qual ele, certamente, não terá fôlego. Mergulhar sozinha, por outro lado, também me assusta. Seja como for, eu já me decidi: se ele não quiser, não tem problema, farei como tantas vezes recomendei às minhas pacientes e terei a minha maternidade solo.

A capacidade de seleção genética aumenta a cada dia. O transplante de útero é uma realidade e a possibilidade de gestação artificial já ensaia os seus primeiros passos. Precisamos aprofundar rapidamente a nossa reflexão moral e espiritual para dar conta desse ilimitado e inevitável desenvolvimento científico, que poderá transformar o futuro da humanidade.

Mesmo estando tão determinada, é estranho estar do outro lado da mesa e me surpreendo tendo as inquietações e dúvidas semelhantes às delas, para as quais sempre tive respostas tão prontas: e se ela nascer com algum problema hereditário? A minha idade pode afetar a genética? Como serei mãe de uma adolescente com mais de sessenta anos? O que vou dizer para ela no Dia dos Pais? E se eu puder escolher o sexo, a cor dos olhos? E se, no final, não der certo?

Dessa vez, vou calcular menos e colocar a foto do meu bebê naquele cantinho da parede. Afinal, como o meu pai dizia: "Na vida, tudo se ajeita". E, aqui na clínica, com a ajuda da ciência e das novas tecnologias, os meus amigos do laboratório já estão conseguindo ajeitar muita coisa. Vou procurar pela mãe de Ana para contar que ela será a madrinha de Louise.

Louise é muito bonita e suas fotos estão por toda parte no consultório da sua mãe.

"Magnum, o Asclepi, miraculum est Homo".

EVA

HOMENS-DEUSES

— "*Magnum, o Asclepi, miraculum est Homo*". Interessante, essa inscrição que você escolheu para colocar aqui na entrada do nosso novo laboratório.

— Vamos colocar bem em cima da porta. Você acha que os nossos colegas ainda se lembram da história do filho de Apolo com a mortal Corônis?

— Claro que sim! Afinal Asclepi é o Deus da Medicina. Mas de onde você tirou essa frase?

— Da Oratio. É assim que Mirandola inicia o livro. Eu te dei de presente quando ainda estávamos na faculdade.

— Como pude me esquecer?! Você adorava recitar essa passagem, e dizia que ela expressava a ideia do "Homem como centro do universo e artífice de si mesmo".

— Foi a ideia que transformou o mundo! Os gregos acreditavam que o homem poderia atingir a perfeição e o Humanismo Renascentista resgatou essa crença.

— Você explicava que essa é a base da ciência que praticamos ainda hoje e que o Oratio é a obra-prima desse pensamento.

— Apropriada para um laboratório de embriologia e genética, você não concorda?

— Sei qual é a sua intenção, mas você sabe que não sou religioso e nem filósofo.

– Mesmo assim, é um humanista, como eu.

— Desculpe decepcioná-lo, mas vou concordar só porque ficou sofisticado em latim e vai conferir um certo charme na inauguração.

— É uma pena que você seja tão mundano. A busca pela perfeição através da ciência é uma busca divina, e o latim é a língua dos anjos.

— Para mim, o latim é inútil hoje em dia e ninguém vai entender aonde você quer chegar com isso. Entretanto, vai causar uma boa impressão e você vai ficar feliz. Então, tudo bem, vá em frente.

— Talvez poucos compreendam esse significado hoje, mas, no futuro, quando a nossa obra estiver completa, muitos compreenderão.

— Sim, compreenderão como fruto da ciência, não de um milagre. Você exagera, e a sua busca divina é em vão. Culpa dos padres. Eles sobrecarregaram você com crendices. Se a minha especialidade fosse psiquiatria, arriscaria dizer que você tem trauma de infância (falou com ironia e riram juntos nessa hora). Se tivesse brincado mais com os outros meninos no orfanato, ao invés de ficar todo o tempo entre a capela e a biblioteca, teria se divertido mais e agora seria tão mundano quanto eu.

— Não fale mal dos padres, eles foram verdadeiros pais para mim. De fato, eu não tinha muitas alternativas, porque os outros meninos passavam a maior parte do tempo correndo e jogando bola; como eu poderia brincar com eles, com essa minha perna? Em todo caso, não me queixo, muito pelo contrário, porque encontrei conforto na religião e adorava ficar na biblioteca. E foi lá, entre os livros, que encontrei Mendel e me fascinei pela genética.

— Então, meu caro, o seu caso pode ser mais grave. Você projeta a sua fantasia numa experiência da infância, acredita que é um monge como Mendel e faz do laboratório o seu monastério!

Riram mais uma vez.

— Diria que você é um ateu espirituoso! Mas também diria que a sua posição é muito cômoda. Como já foi dito, ser ateu dá bem menos trabalho do que ser crente, exige pouca elaboração. Por outro lado, o caminho da fé é longo e complexo e requer muita disciplina e conhecimento. Por isso, as ciências, as Artes, a Filosofia e a História são boas companheiras nessa jornada.

— A sua fé pode precisar da ciência e de outras companheiras, mas a ciência não precisa da companhia da fé e suas amigas. Pelo menos, a minha falta de fé nunca limitou o nosso trabalho. Aliás, não é curioso que o seu Deus conceda tantos dons aos ateus como eu?

— *Leia no Oratio*: "[...] admirável felicidade do homem! Ao qual é concedido obter o que deseja, ser aquilo que quer[...]". Veja que, como você mesmo disse, a ciência é, antes de tudo, uma concessão e o homem tem o livre-arbítrio para seguir aperfeiçoando a maior obra de Deus, que é o próprio homem. Eu acredito que avançamos com a nossa ciência porque nos é permitido e porque a perfeição nos levará inexoravelmente a Ele, inclusive os ateus, como você.

— Isso é um equívoco. Avançamos com a ciência porque é inevitável e, se não completarmos logo o nosso projeto, outros virão e o farão. Aliás, Mendel nunca virou santo, mas poderia ter ganhado o Prêmio Nobel – se existisse naquela época – e nós temos muito mais chance de ser laureados do que beatificados. Quem sabe não é por isso que você deixou o sacerdócio e está aqui agora? Talvez a sua crença seja apenas vaidade disfarçada de espiritualidade.

— Poderia ser o caso, se pudéssemos revelar o que fazemos aqui, mas você sabe que não podemos.

— Apenas por enquanto. De qualquer maneira, se não for a vaidade, pode ser que seja então ambição. Talvez você seja mesmo um homem de fé, porém bem mais ambicioso do que transparece, e queira muito mais do que um prêmio ou conquistar a santidade. Quem sabe você não quer o lugar dele? Afinal, Asclepi nasceu humano e se tornou um Deus pela sua obra, pela ciência. É isso o que você quer? Seria essa, na verdade, a sua pretensão?

— Isso seria soberba, um pecado óbvio para um homem astuto, você não acha?

— Ao menos, seria merecido; afinal, nós já conseguimos corrigir muitos dos erros do seu Deus e, em breve, iremos além. Se você fosse filho da nossa EVA, não teria nascido com esse defeito na perna. Nós vamos superá-lo!

— Se você quer superá-Lo, está admitindo que Ele existe. Pelo visto, está se convertendo...

— Se você estiver certo e ele existir, devemos assumir a existência do outro também. Se for esse o caso, teremos que fazer logo uma escolha e, sem dúvida, eu prefiro me bandear para o lado do outro. Entre a virtude e o vício, a ciência se aproveita muito mais do segundo. Deve ser por isso que Asclepi tem uma cobra no seu bastão e o nosso laboratório fica no subsolo.

— Graças a Deus, você é ateu! Continue se dedicando à ciência, que eu me ocupo da teologia. Na minha crença, Deus é um só e a diferença entre vício e virtude é a mesma entre o veneno e o remédio. Um pouco de vaidade, ambição e até soberba podem ajudar se tivermos cuidado com a dose.

— Mas como saber qual é a dose certa na ciência que fazemos? Lá em cima, na clínica, atendemos pessoas que não podem ter filhos naturalmente e temos ido muito mais longe do que a natureza concebeu. Até onde deveríamos ir, de acordo com a sua crença?

— Não tenho esse dilema. Nada é mais natural do que querer ter um filho e nada é mais sagrado do que gerar a vida. Nós estamos ajudando a natureza, mas o sopro da vida continua sendo Ele quem dá. Lembre-se de que o que fazemos neste laboratório, por mais avançado que seja, é criar vida a partir da vida, e a vida segue sendo um mistério. O maior dos males é a ignorância.

— Nisso estamos de acordo, e pode ser que as nossas diferenças sobre a existência sejam bem menores do que parecem. Talvez seja apenas uma questão de aposta. Um crente, como você, nada mais é do que um ateu, como eu, mas que prefere se arriscar menos. Eu acho que essa é a lógica dos nossos pacientes também. Independente da crença que tenham, eles querem ter filhos saudáveis e melhores do que eles. Muitos não hesitam em permitir o *screening* dos embriões e edição genética para livrá-los da hereditariedade de uma doença ou da aleatoriedade cega da natureza. Para esses, os princípios religiosos e legais ficam em segundo plano, mas quando saem daqui vão rezar em suas igrejas e jamais reconhecerão, à luz do dia, até onde são capazes de ir.

— Se for assim como diz, ser crente é, no mínimo, uma atitude mais inteligente. Pelo menos, nós, crentes, temos a chance de ganhar a eternidade; vocês, não.

— Diria que a abordagem de vocês é pouco corajosa. Vocês, crentes, pretensiosamente gostam de afirmar que é o amor que alimenta a fé, mas, na verdade, é o medo da morte. No entanto, na minha crença, é o amor pela vida que alimenta a ciência. Você conhece a minha história e sabe que, se fosse pela religião, meus pais nunca poderiam ter se amado e eu nunca teria nascido.

— E você conhece a minha e por isso sabe que o que alimenta a minha fé é a obra que estamos realizando e o legado que vamos deixar.

— Então, somos os dois lados da mesma moeda, porque eu creio que é no legado que reside a eternidade.

"The world´s first baby born by a uterus transplant from a deceased donor is healthy and nearing her first birthday, according to a new case study published Tuesday in the Lancet".
(TIME Health Newsletter Dezembro, 4, 2018).

Uterus transplants have become more common in recent years, resulting in 11 live births around the world. But all other successful deliveries so far have been made possible by living donors often women who opt to donate their uterus to a close friend or family member without one. The birth resulting from the case detailed in the Lancet, which took place at Brazil´s Hospital das Clínicas last December, is both the first in the world to involve uterus from a deceased woman, and the first from any uterus transplant in Latin America.

""O primeiro bebê do mundo nascido de um útero transplantado de uma doadora morta é saudável e está perto de completar o seu primeiro aniversário, de acordo com o novo caso publicado na terça-feira no Lancet". (TIME Health Newsletter Dezembro, 4, 2018).

Transplantes de útero têm se tornado comuns nos anos recentes, resultando em 11 nascidos vivos no mundo. Mas todos os outros casos bem-sucedidos foram possíveis por doadoras vivas – geralmente mulheres que optaram em doar os seus úteros para uma amiga próxima ou membros da família que não tinham útero. O nascimento resultante do caso detalhado no Lancet, que foi feito no Hospital das Clínicas no Brasil, em dezembro passado, é o primeiro no mundo que envolve o útero de uma mulher falecida, e o primeiro transplante de útero na América Latina. (*livre tradução*).

— Apareceu uma doadora e tenho que ir rápido para o hospital operar.

— Não se preocupe com a clínica, eu cuido de tudo por aqui.

— Sabe de uma coisa? Ao mesmo tempo em que fico contente quando aparece a oportunidade de uma doadora compatível, fico também frustrado, porque ainda dependemos de cadáveres. Essa situação é irritantemente primitiva, depois de tanto tempo desde o primeiro transplante de útero.

— Paciência, agora falta pouco e logo não dependeremos mais das doadoras.

— E das receptoras também.

— Imagine se o grupo de transplantes soubesse dos experimentos que estamos fazendo aqui. Todo o conhecimento que você tem desenvolvido com eles tem nos ajudado muito com EVA.

— Eles são homens de ciência e nos felicitariam, mas, acima de tudo, nos invejariam.

— De qualquer maneira, fora da comunidade científica, seria polêmico.

— É verdade. Quando, pela primeira vez, fertilizamos os óvulos de uma doadora e transferimos os embriões para um útero transplantado, a grande discussão foi sobre quem seria, de fato, a mãe biológica da criança: a doadora dos óvulos, a doadora do útero ou a gestante. Houve muita publicidade e debate, porém, pouco se discutiu sobre o progresso científico e as possibilidades que se abriam para futuro.

— O importante é que o bebê nasceu saudável e agora já é adulto!

— É isso mesmo, o que mais importa é o resultado. Não faz sentido toda essa discussão moral que volta e meia faz barulho. Eu nunca soube quem foram as minhas mães e isso nunca fez diferença para mim.

— Você me disse, uma vez, que a sua genitora era de outro país, mas nunca me explicou por que não fizeram o procedimento aqui.

— Naquela época, só era permitida a gestação de substituição com parentes e tinha que ser um ato voluntário. Meus pais praticamente não tinham família, e, se tivessem, também não seria fácil depender do altruísmo de um parente. Então, tiveram que contratar o serviço fora. Nunca soube a identidade dela.

— E você sabe qual deles foi o seu pai biológico?

— Eles misturaram o sêmen e não sei de qual dos dois sou filho biológico. Me acho parecido com os dois, não tenho certeza e nunca me interessei em investigar o DNA.

— Quando te conheci, um deles já tinha falecido e o outro era bastante religioso, estava sempre com um terço na mão quando íamos juntos visitá-lo no hospital.

— Os dois eram religiosos, apesar de serem discriminados pela própria religião e pelos irmãos de fé. Eu também era tratado com certo preconceito e zombavam de mim veladamente.

— Você se aborrecia com isso?

— Eu me ressentia pelos meus pais, não por mim. Você sabe que os dois morreram de doenças que hoje são curáveis e a religião nunca os ajudou, nem nessa hora. Se fosse hoje, com o conhecimento de genética que desenvolvemos, o destino deles seria diferente. Poderíamos curá-los antes mesmo de terem nascido.

— E sobre a sua doadora de óvulos, você sabe alguma coisa?

— Também não sei nada sobre ela e nunca quis saber. Estava bem com eles e isso me bastava. Você também foi criado sem mãe e, pelo que me contou, nunca soube quem foi. Por acaso, isso fez alguma diferença para você?

— Houve uma época em que sim. Os padres me trataram como um filho e, como você, tive mais de um pai. Mesmo assim, durante algum tempo, eu quis ter uma mãe também. Quando era bem pequeno, eu me esforçava para me exibir paras as mulheres que iam no orfanato selecionar crianças para adoção. Havia uma competição entre as crianças, e é claro que eu levava desvantagem. Um dia, uma dessas mulheres me olhou diferente e eu tive a esperança de que seria adotado. Ela foi lá várias vezes e eu aguardava ansiosamente pela sua visita. Até que, um dia, ela me levou para passar um fim de semana na sua casa, mas, depois que voltei para o orfanato, nunca mais a vi. Com o tempo, descobri que ela havia conseguido engravidar de forma natural do marido e, por isso, desistiu da adoção. A partir dali, desisti.

— E você já amou alguma mulher?

— Estava no seminário até ir para a universidade quando te conheci. Aliás, nunca perguntei isso antes, e você já amou uma mulher?

— Gostei de algumas e tentei algumas vezes, mas não tive muita sorte. A beleza me atraía, e uma vez me apaixonei por uma mulher lindíssima, perfeita, uma verdadeira deusa grega. O problema é que deusas gregas querem deuses gregos. Achei melhor buscar a beleza e a perfeição em outro lugar.

— Com o seu fenótipo, você fez muito bem em mudar de estratégia...

— Pelo menos, não sou aleijado como você! (Riram muito.)

— Em todo caso, podemos ter orgulho da nossa filha, mesmo que ela não saiba que somos nós dois seus verdadeiros pais. Ela é linda!

> A perfeição e a beleza são duas ideias que sempre estiveram associadas desde a Antiguidade.

— Louise veio aqui na clínica outro dia visitar a mãe e a encontrei. Ainda me chama de tio, como fazia quando era uma menina.

— Ela não se parece nada com a mãe.

— Certamente, tem muitos dos nossos traços.

— Será que a nossa amiga suspeita de que fomos tão longe?

— Isso realmente interessa? Ela queria uma menina e se preocupava com a hereditariedade do Alzheimer da mãe.

The mice with two dads: scientists create eggs from male cells

Proof-of-concept mouse experiment will have a long road before use in humans is possible.

Researchers have made eggs from the cells of male mice and showed that, once fertilized and implanted into female mice, the eggs can develop into seemingly healthy, fertile offspring. The approach announced on 8 March at Third International Summit on Human Genome Editing in London, has not yet been published and is long way from being used in humans. But it is early proof-of-concept for a technique that raises the possibility of a way to treat some causes of infertiliy...

Os ratos com dois pais: cientistas criam óvulos de células masculinas

Experimento de prova de conceito com rato tem um longo caminho antes que o uso em humanos seja possível.

Pesquisadores fizeram óvulos de células de ratos e demonstraram que, uma vez fertilizados e implantados em ratas, os óvulos podem se desenvolver em crias aparentemente saudáveis e férteis. A abordagem, anunciada em 8 de março, no Terceiro Encontro Internacional de Edição de Genoma, em Londres, ainda não foi publicada e ainda há um longo caminho até ser aplicada em humanos. Mas é uma prova de conceito preliminar para uma técnica que levanta a possibilidade de um caminho para tratar algumas causas de infertilidade...
(Livre tradução)

NEWS 9 March 2023

NATURE. HTTPS://WWW.NATURE.COM/ARTIGO/D41586-023-00717-7-2022

— Mesmo sendo uma especialista, ela não cogitou, em nenhum momento, a possibilidade de que seus óvulos poderiam não fertilizar, como de fato aconteceu, e sabia que a sua reserva ovariana já estava muito baixa para tentar mais uma estimulação hormonal. Ela fechou os olhos propositalmente e, por isso, nunca nos questionou sobre os protocolos que estávamos adotando.

— No final das contas, ela queria que fizéssemos o que precisasse ser feito para ter o resultado que tanto queria e nos deu carta branca.

— Certamente, se soubesse da verdade, nos agradeceria da mesma forma.

— Francamente, que diferença faria para ela recorrer a uma doação anônima de óvulos e de sêmen?

— Foi o nosso primeiro milagre. Desenvolver o embrião a partir de dois gametas masculinos como já fizeram com cobaias, mas duvido que outros já tenham conseguido êxito com humanos.

— A fusão dos nossos cromossomos foi uma bela vitória da ciência!

— E merecida, depois de tantas tentativas que fizemos com as outras antes dela.

— Além disso, a nossa amiga teve a gestação em seu útero, como tanto queria.

— Esse é o ponto fraco de Louise e por isso ela não é perfeita. Não sabemos ainda que efeito a epigenética pode ter no desenvolvimento dela e comprometer o nosso trabalho no futuro.

> Epigenética é o campo de estudo da biologia que avalia como agentes externos podem mudar o funcionamento do corpo, sem implicar em alterações no DNA. Dessa forma, fatores culturais, comportamentais ou ambientais que influem na gestação podem agir na ativação e desativação de determinados genes e ser transmitidos hereditariamente.

...The ultimate grow bag

To save children born prematurely, a man-made uterus would help "...a team of doctors at Children´s Hospital of Philadelphia, led by Alan Flake, describe an artificial womb that, they hope, could improve things dramatically, boosting the survival rate of the most premature babies while reducing the chance of lasting disabilities".

Economist, Abril 29,2017

A derradeira bolsa de crescimento

Para salvar crianças nascidas prematuramente, um útero feito pelo homem ajudaria.

"...uma equipe de médicos do Hospital das Crianças na Philadelphia, liderado por Alan Flake, descreve um útero artificial que, eles esperam, poderia melhorar as coisas dramaticamente, elevando a taxa de sobrevivência da maioria dos bebês prematuros, ao mesmo tempo que reduzindo a chance de sequelas duradouras".

Economist, abril 29, 2017.
(Livre tradução)

— É o nosso próximo desafio. Já nos libertamos dos óvulos, agora falta nos libertarmos do útero.

— Com EVA, vamos superar essa limitação em breve.

— Você acha que seremos os primeiros?

— Desenvolver um prematuro em bolsa de crescimento foi uma revolução que começou há mais de duas décadas, usando cordeiros como cobaia, e depois evoluiu para humanos, mas germinar um embrião em útero artificial ainda é um desafio.

— Seguramente muitos dos nossos amigos seguem tentando e teriam publicado se tivessem conseguido.

— E estariam agora dando entrevistas! Todos querem ser pioneiros para ter o nome registrado na História, pela fama e pelo prestígio.

— A vaidade, meu amigo, impulsiona a humanidade para as grandes realizações.

— Adicione ambição e curiosidade.

— E uma boa dose de coragem e ousadia.

—Muitos beberam dessa fórmula, mas só a nossa EVA é capaz desse feito.

— Esse é o nosso segundo milagre!

— Apesar disso, ainda temos o problema do aborto espontâneo para resolver e, na próxima vez, testaremos a nova técnica. Faremos a extração do prematuro na nona semana, e depois desenvolveremos o feto em uma bolsa artificial comum, como já fazemos lá no hospital com os prematuros.

— O nosso menino já está pronto. Esperando a hora dele.

— Primeiro, vamos experimentar com os embriões de células-tronco que usamos para testes, e só quando estivermos seguros com o procedimento, vamos transferi-lo.

— Estamos muito próximos de realizar o nosso terceiro milagre e, quando ele nascer, a nossa EVA será a mãe de uma nova humanidade.

— Ele será o primeiro de muitos. Criaremos uma nova raça.
— Realizaremos o antigo sonho de perfeição do homem! Este será um novo Renascimento.
— E nós seremos os deuses desse novo mundo!

O filho de EVA nasceu, anunciando o começo de uma nova era.

Amor *in vitro*

Já tenho nome,
mas ainda não nasci,
espero.
Aqui é frio,
escuro.
Não estou só,
somos muitos.
O que se passa lá fora?
Viemos da luz,
nascemos na luz,
crescemos na luz.
Para a luz um dia
retornaremos.

LUZIA

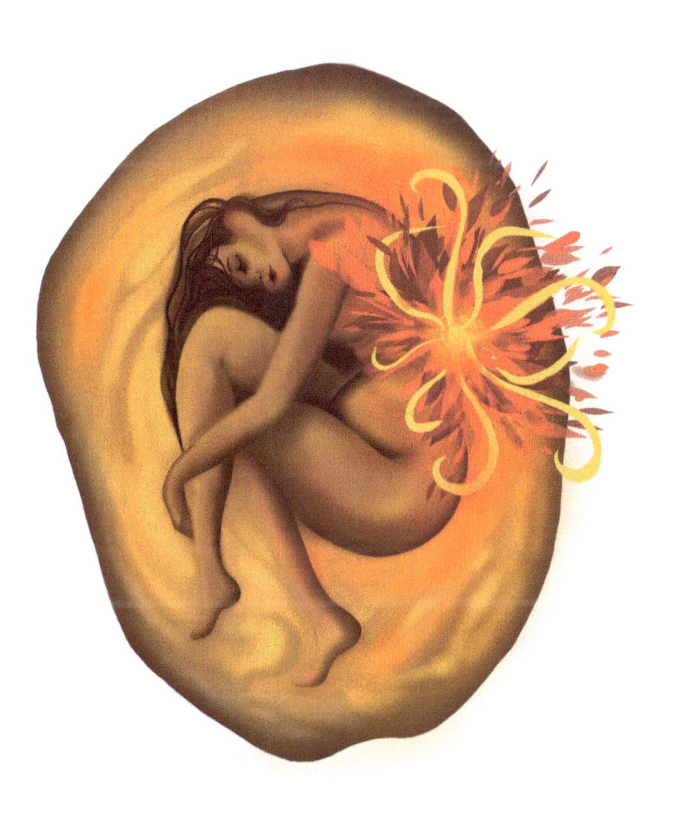

PROFECIA

"Ela já tem nome. Será mulher. As mulheres são mais fortes e as que virão precisarão de muita força. Força para viver em um mundo que já não é o mesmo e será menos ainda. Ainda tenho visões. Ainda sonho com ela. Ela fala comigo. Ela espera. Espera para sair do frio líquido do nitrogênio. Espera para entrar no calor do meu útero. E lá crescer, bebendo do meu líquido. Bebendo do meu amor. Bebendo da minha esperança. Se chamará Luzia e também terá a marca. Lerei histórias para ela. Ela dará à luz uma menina, e contará as histórias para sua filha. Cumprirei a minha missão. Ela cumprirá a dela. Não sei por que é assim, mas assim será. Profecia. Enigma. Mistério em um mundo dominado pela razão, máquinas, robôs, algoritmos, genética. Mundo impregnado de ar contaminado, água impura, plantas de plástico, úteros de plástico. Cidades submersas, florestas desérticas, guerras, radiação. Pessoas sem afeto, corpos sem alma, cascas vazias, castas. Homens perfeitos, superiores, inumanos. Homens-deuses no Olimpo, sem calor, sem amor, sem flores, sem cores. Um vento virá, um vento solar, uma tempestade magnética. Soprará sobre todos. Soprará sobre as máquinas. *Blackout*, pane, caos, bolsas rompidas, tubos descongelados, vidros partidos. E ela estará lá. Dará à luz nessa escuridão. Recomeço".

Luzia nasceu trazendo esperança em um mundo que se desumaniza.

Amor *in vitro*

Nascida criança.
Nascida esperança.
Vieram todos.
Todos vieram.
Trouxeram presentes.
Trouxeram sementes.
Sementes de uma flor.
Sementes de Amor.
Amor que um dia.
Semeará Maria.

MARIA

CLIENTE 1

— Alô! Como está? Estou ligando para dar boas notícias!

— Sim, conseguimos embriões com o perfil genético que você queria!

— São três: dois masculinos e um feminino. Vou mandar as fotos com o fenótipo projetado. Assim, você pode escolher com qual vai ficar. Mas eu acho que, depois que vir as fotos, vai querer ficar com pelo menos mais um. Eles ficaram muito parecidos com você!

— Como sugestão, você pode desenvolver um deles primeiro, e deixar os outros congelados para desenvolver em outro momento.

— Sim, o plano que ofereci é completo. Além do embrião, cobre a maturação em bolsa e a extração. Podemos ajudar também com a gestão parental.

No século XXII, o comércio de embriões e a gestação em bolsas artificiais, designada maturação, foram disseminados.

Agentes comerciais organizados em sistemas de franquia passaram a operar em todas as etapas da cadeia reprodutiva humana, e a projeção fenotípica é um recurso baseado em inteligência artificial que possibilita estimar a aparência física dos embriões desde a etapa de neonatos até a adulta.

— As bolsas artificiais evoluíram muito desde o século passado e as chances de perda são mínimas. De qualquer forma, temos um seguro opcional, que reembolsa todo o investimento, se acontecer.

— Preciso que você me dê uma resposta até o final da semana.

CLIENTE 2

— Alô! Como vocês estão? Tenho boas notícias!

— Já tenho um cliente interessado em um dos embriões. A semelhança fenotípica é importante para ele, e por isso eu acho que, quando vir as fotos, vai ficar animado com a ideia de criar mais um.

— Precisei fazer apenas alguns ajustes no programa para melhorar o resultado.

— Temos também outras oportunidades que podemos explorar. Seus embriões alcançaram categoria III, mas podem chegar à IV ou até V se tentarmos um upgrade genético. Podemos aplicar uma técnica exclusiva da nossa franquia, que tem alta probabilidade de sucesso. Vai valorizar muito os embriões.

— Que tal tentar com pelo menos um deles?

A classificação de perfil genético foi padronizada em uma escala de 5 níveis, de acordo com scores de fenótipo, QI e biomarcadores preditivos de saúde.
Intervenções de aperfeiçoamento genético ao longo da cadeia reprodutiva possibilitam elevar os scores.
Os governos mantêm um estoque de embriões congelados para gerenciar a taxa de reposição populacional.

— Sim, compensa o investimento e podemos vender para o governo central. Eles estão precisando reforçar os estoques, mas só adquirem embriões classe V.

— Se sobrar algum, ainda podemos vender para pesquisa clínica. O perfil genético deles se enquadra nas especificações de uma que iniciou agora.

— A remuneração é boa e vocês economizariam com a criopreservação.

— Converse com a sua sócia e voltamos a falar.

CLIENTE 3

— Alô! Sim, podemos ajudar. Também preparamos e submetemos a entrada de toda a documentação da lei de incentivo. Vocês já são qualificados?

— Ótimo! Então, não se preocupem. Assessoramos também na escolha da rede de apoio até o fim do contrato de responsabilidade parental. Vocês só precisam fazer o investimento inicial para a aquisição dos embriões e maturação. Cuidamos de tudo e entregamos o neonato após a extração.

— Sim, podemos estender a maturação por até seis meses em incubadora.

Com a queda contínua das taxas de fecundidade, os governos implementaram programas de incentivo à reprodução humana cada vez mais atrativos, com o objetivo de estimular indivíduos, pares ou coletivos a assumir a responsabilidade parental por um período contratual de vinte e cinco anos.

As franquias também assessoravam na seleção e na gestão das redes de apoio que prestavam assistência durante toda a etapa de crescimento dos neonatos.

— Entramos com a solicitação logo após a extração e, em trinta dias, vocês já começam a receber. Podemos financiar e sincronizar as parcelas com os recebimentos do incentivo.

— Descontando todas as despesas com a rede de apoio, estimamos uma receita líquida mensal entre 30% e 50%. Com isso, o retorno do investimento inicial é em menos de dois anos.

— É isso mesmo, os scores devem ser recertificados anualmente, durante os vinte e cinco anos da vigência do contrato, e o incentivo pode ser ajustado conforme os resultados.

— Sim, podemos oferecer o serviço da rede de apoio também.

— Vamos elaborar um plano sob medida para vocês. Mando as tabelas e falamos.

CHAMADA

— Que bom que você ligou! Não te vejo há um mês, estava com saudades.

— Por que está chorando?

GRAVIDEZ

"Ela não disse o que era e pediu que eu fosse para a sua casa. Fui até lá pensando que seria algo trivial, provavelmente relacionado ao trabalho, e poderia animá-la com uma aventura virtual e indutores de humor, como sempre fazíamos para aliviar o *stress*. Assim que cheguei, vi que era diferente dessa vez. Ela me fez sentar, pegou nas minhas mãos e foi direta: me disse que estava grávida. Aquela notícia me causou mais estranheza do que surpresa, carecia de sentido; afinal, ninguém mais engravidava.

Eu era um corretor e sócio de uma franquia de serviços de reprodução assistida e, pessoalmente, nunca tive um caso de transferência de embriões para um útero natural. Era possível, é verdade, sabia que o método primitivo de fertilização e gestação ainda era praticado em lugares muito pobres ou por ativistas que já ficaram fora de moda. Também ouvi dizer que havia lugares onde praticavam esses métodos por motivos religiosos. Para mim, eram apenas curiosidades improváveis e distantes. As bolsas artificiais eram muito mais eficientes e, combinadas com as técnicas já há muito tempo praticadas de fertilização *in vitro*, mudaram a forma como a espécie humana se reproduz. As mulheres se libertaram da deformação do seu corpo, do sofrimento da gestação, dos riscos da concepção e, principalmente, não interrompem mais a atividade profissional. A seletividade, a qualidade do processo de maturação e o aperfeiçoamento genético que a ciência e a tecnologia proporcionaram produzem neonatos mais saudáveis, longevos, bonitos e inteligentes. O aperfeiçoamento contínuo da raça aumenta a produtividade da sociedade e, para garantir o funcionamento desse sistema, fazemos recertificações dos *scores* ao longo do ciclo útil reprodutivo. Os anticoncepcionais com *chips* que temos implantado ajudam a evitar desvios dos padrões estabelecidos e são controlados remotamente pelo governo central. Os hormônios só podem ser liberados em função dos scores obtidos. Nossos *scores* são altos; mesmo assim, teríamos que fazer uma solicitação para gerar gametas com a finalidade de reprodução. Como essa gravidez pode ter acontecido? Ela teria usado os seus próprios gametas ou fez combinação? Por que não seguiu o protocolo? Ela nunca me disse que queria um neonato. Eu poderia ter providenciado tudo. Agora, dificilmente terá direito ao incentivo. Ela sempre foi uma mulher racional. Era o que eu mais gostava nela. Tudo muito estranho, mas o mais estranho era a sua reação. O seu choro não tinha sido de tristeza. Era outra coisa, parecia feliz."

MATERNIDADE

"Para mim, também era difícil entender o que estava acontecendo. No começo, não desconfiava do que poderia ser. Sentia enjoo, mal-estar e não considerava a hipótese de gravidez, até que um especialista diagnosticou a minha patologia. Fiquei surpresa, depois assustada, me tranquei em casa. Tive vergonha. Ninguém podia saber. Aos poucos, essa sensação foi mudando e criei coragem para ligar para ele. Não tinha ninguém mais, além dele. Como todos da nossa geração, não temos família. Temos os cuidadores, que são os nossos responsáveis parentais até os vinte e cinco anos. Os embriões podem ser originários deles ou não e recebem uma renda do governo pelo nosso desenvolvimento até essa idade. O incentivo financeiro e o suporte técnico da rede de apoio são atrativos e a maior parte dos cuidadores são profissionais especializados nessa área.

Apesar disso, poucos querem seguir essa carreira e o percentual de voluntários também diminui consistentemente. Depois do período contratual, nos tornamos autônomos e as obrigações legais dos responsáveis parentais cessam. É um sistema lógico, que favorece o desempenho da sociedade. Tenho boas recordações dos meus criadores. Eram um par que tinha *match* genético e, por isso, puderam combinar seus próprios gametas para gerar o meu embrião. Eles gerenciaram bem o meu desenvolvimento e atingi bons *scores* em todas as recertificações. Ficava a maior parte do tempo no instituto de desenvolvimento, em regime integral, mas lembro com carinho quando passávamos os finais de semana juntos. Eles eram diferentes dos outros criadores. Não pude mais vê-los depois que completaram seu ciclo útil de vida. Nessa etapa, somos recolhidos para as colônias de sobrevida e lá ficamos até o desfecho planejado. Eles já completaram todo o ciclo. Recebi a notificação. Queria saber como é envelhecer. E como é morrer. Agora, tenho que aprender a ser genitora de um neonato. Como será a extração? E depois, como será o desenvolvimento? Li, nos arquivos de história do instituto, a descrição do processo de parto normal e assisti a um documentário que mostrava como era praticado, no passado, pelos indígenas da Amazônia. É um ritual que já deixou de existir. Os indígenas, há muito tempo, se integraram e misturaram seus óvulos e sêmens com outras matrizes, especialmente nórdicas, que foi uma moda que se popularizou em uma determinada época. Hoje, não há mais indígenas. Há *vikings* da floresta, atores que preservam alguns costumes apenas para turismo temático nas reservas botânicas que sobraram.

De toda forma, eu não entendi ainda como pude engravidar. Antigamente, o protocolo era fazer ligação de trompas ou retirar os ovários antes de entrar na fase reprodutiva quando os scores eram baixos. Depois, vieram os implantes com *chips* gerenciados remotamente. As mulheres das novas gerações não precisam mais de implantes. Já não ovulam mais. Eu tenho implante e não solicitei a liberação dos hormônios. Por isso, às vezes penso que essa gravidez é um milagre. Ninguém mais sabe o que é um milagre, mas ainda me lembro das histórias que a minha criadora me contava. Eu a chamava de mãe. Ela me chamava de filha. Me contou que nasci do seu útero e dizia que eu era muito especial. Ela tinha um olhar distante, de quem vê além, e me ensinou coisas que só agora compreendo. Lia histórias em livros de papel, relíquias que me deu de presente e que eu guardei com amor. Me contou a história de um bebê que nasceu de um milagre. Ele nasceu de forma natural, em um lugar muito simples. Quero ter o meu bebê assim. Quero cuidar dele a vida toda. Quero também ser mãe e contar as histórias. Quero criá-lo junto com o meu par. Sei que não é mais comum que os pares fiquem juntos por muito tempo, mas já foi assim algum dia. Sinto no meu coração que esse é o meu destino e é como sempre soubesse."

PATERNIDADE

"Era tudo uma loucura para mim. Nunca tive o desejo de ser um criador, mesmo sendo um bom negócio. De qualquer forma, estava preocupado com ela. Preocupado com a mudança do seu corpo, os riscos e a discriminação que sofreria. Ela já não podia sair na rua, todos ficariam olhando e apontando. Comecei a pensar no neonato também. Resolvi cuidar deles. Vendi a minha parte na franquia e fui morar com ela. Eu já tinha ganhado muito dinheiro com o negócio de reprodução, ainda tinha alguns embriões bem qualificados congelados e, com esse capital que acumulei, poderia tentar outro negócio depois que tudo isso passasse.
Escondemos o caso dos amigos. Ela nunca saía e passávamos a maior parte do tempo juntos. Aos poucos, fui me acostumando com a ideia. Nos divertimos muito imaginando como seria o neonato, fazíamos desenhos dele e descobri que ela desenhava bem. Também fazíamos olhos, nariz e boca na barriga dela, que estava ficando enorme. Brigamos falsamente por causa do nome, inventamos alguns que eram ridículos, chegamos a fazer sorteio. Voltei a tocar a gaita que ganhei quando era criança. Aprendi novas palavras. Descobri que ela cantava bem. Descobri muitas coisas. E ela estava cada vez mais bonita. Me dei conta de que não havíamos feito o mapeamento genético, nem o teste de DNA, também não sabíamos o gênero do bebê. Nada disso importava mais. Brotava em mim um sentimento que desconhecia. Aos poucos compreendi que loucura era como vivia antes. Estávamos felizes."

PARTO

"A gravidez correu bem, evoluiu de acordo com a descrição dos registros que pesquisamos, e não tivemos nenhuma intercorrência preocupante.

O momento se aproximava e tínhamos que decidir o que fazer quando chegasse a hora. Ainda era possível fazer cesariana com medicina robótica guiada por algoritmos, que já foi um método muito utilizado, mas não um parto normal, e não encontramos nenhum médico que tivesse experiência ou quisesse arriscar. Tivemos que seguir a nossa intuição.

Decidimos ir para uma cidade do interior, em uma zona rural, um lugar pequeno habitado por idosos que se negavam a viver nas colônias, um lugar onde uns cuidavam dos outros. Lá, fomos acolhidos. Andávamos nas ruas, falávamos com todos e não era raro que se aproximassem e pedissem para alisar a barriga. Alguns brincavam, fazendo apostas sobre qual seria o sexo do bebê. Outros, em tom de segredo, confessavam que tinham nascido de útero também e até de fertilização natural. Uma senhora se aproximou e disse que era veterinária e cuidava dos animais de uma pequena fazenda ali perto, onde ainda criavam mamíferos. Ela se ofereceu para ajudar com o parto. Aos poucos, os vizinhos foram se aproximando ainda mais e passaram a nos visitar em casa. Adoravam contar histórias e, em uma das visitas, um homem e uma mulher contaram que eram irmãos e tiveram pai e mãe. Seus pais imigraram da guerra e se estabeleceram ali, onde eles nasceram. Morreram de morte natural, primeiro um e, logo depois, o outro. Também lá, naquela cidade, puderam ser enterrados. Um raro costume que eles recordaram com um sorriso cortado ao meio, lábios apertados e um olhar entrecruzado. Com voz emocionada, disseram que um dia se juntariam a eles.

Era fim de tarde quando todos vieram. Trouxeram flores. Flores vermelhas. Flores que só brotavam naquele lugar. Foram ficando até anoitecer. Choveu e, depois que a lua cheia clareou o céu, fomos todos para o quintal e passamos a noite juntos, conversando. Eu toquei gaita. Ela cantou. Alguém disse que viu uma estrela cadente e que, por isso, tínhamos o direito de fazer um pedido. Rimos, brincamos; mas, em silêncio, desejamos. Apertamos nossas mãos e, quando abrimos os olhos, a água escorria pelas suas pernas.

Sentimos um sopro. As luzes oscilaram. Vieram as contrações. As luzes apagaram. A parteira acudiu. *Blackout.* As velas iluminaram.

— Força.

As contrações aumentaram.

— Aperta.

Uma cabecinha ensanguentada começou a sair do ventre.

— Empurra.

Ela deu um último grito. Choro. Sangue. Vida. E a nossa menina deslizou para o mundo.

Era grande. A parteira cortou o cordão e ela se acalmou no peito da mãe."

Nasceu Maria.

Maria adora as flores vermelhas e diz que quando crescer espalhará suas sementes por todo o mundo.

DIÁLOGO COM O LEITOR

Agora que as histórias já foram contadas, gostaria de comentar alguns temas que vão além das questões inerentes à reprodução assistida, e que, de alguma forma, busquei elaborar no texto.

Em "Estela", o tema "Carta Celeste" remete a uma das obras de Almeida Prado, que foi um grande compositor e professor de música erudita. A peça foi composta para um concurso do planetário do Parque Ibirapuera de São Paulo. Na abertura de "Emilia", capturei um trecho de uma conhecida música popular. Essas duas passagens são uma homenagem aos músicos brasileiros de todas as modalidades, que fazem da música um dos nossos maiores patrimônios culturais e motivo de orgulho. Também fiz referências à Monteiro Lobato, representando a nossa literatura. A cultura em todas as suas formas humaniza, e por isso deve ser valorizada, especialmente em momentos de grandes transformações. Essa reflexão é cada vez mais necessária, especialmente agora que experimentamos uma aceleração exponencial da ciencia e da tecnologia, que abre inúmeras possibilidades para o desenvolvimento humano. O cenário das últimas três histórias é de um mundo em processo de profunda desumanização. Em "EVA", a dualidade entre espiritualidade, representada pelo latim como a "língua dos anjos", e a ciência, representada nos artigos originais em inglês, sugestivamente como a "língua dos homens", é incorporada pelos dois personagens, que por perspectivas diferentes, estão unidos pelo mesmo objetivo. Já em "Emilia" a dualidade se dá entre a razão e o afeto. É a partir da dinâmica dessas forças que definimos nossos limites éticos, e podemos imaginar outros possíveis cenários do futuro. As histórias conduzem por um caminho, sinalizado nas perguntas da música no começo da história de "Emilia", que são respondidas no poema de abertura de "Louise", e desenlaça no poema de "Maria".

Assim como "Luzia", toda criança que nasce traz luz e esperança para o mundo, e é uma nova historia que se inicia. Agora, cabe a você leitor emprestar suas convicções para imaginar essas histórias. Caberá à humanidade o protagonismo de escrevê-las, na vida real, daqui por diante.

Este livro utiliza as fontes Avenir Next LT Pro nos títulos e Utopia Std no texto. Ele foi impresso em novembro de 2023, em São Paulo.